U0265401

中国顶级建筑表现案例特辑⑤

公共建筑（下）

PUBLIC BUILDING

本书编写委员会 编写

中国林业出版社

图书在版编目（CIP）数据

中国顶级建筑表现案例特辑．⑤，公共建筑 ：全2册／《中国顶级建筑表现案例特辑》编写委员会编写．-- 北京 ：中国林业出版社，2017.7

ISBN 978-7-5038-9132-8

Ⅰ．①中… Ⅱ．①中… Ⅲ．①公共建筑－建筑设计－作品集－中国－现代 Ⅳ．① TU206 ② TU242

中国版本图书馆 CIP 数据核字 (2017) 第 156174 号

主　　编：李　壮
副 主 编：李　秀
艺术指导：陈　利
编　　写：徐琳琳　卢亚男　谢　静　梅　非　王　超　吕聃聃　汤　阳
林　贺　王明明　马翠平　蔡洋阳　姜雪洁　王　惠　王　莹
石薛杰　杨　丹　李一茹　程　琳　李　奔
组　　稿：胡亚凤
设计制作：张　宇　马天时　王伟光

中国林业出版社・建筑分社
责任编辑：**纪　亮、王思源**

出 版：中国林业出版社（100009 北京西城区德内大街刘海胡同7号）
印 刷：北京利丰雅高长城印刷有限公司
发 行：中国林业出版社
电 话：（010）8314 3518
版 次：2017年7月 第1版
印 次：2017年7月 第1次
开 本：635mm×965mm，1/16
印 张：42
字 数：400 千字
定 价：780.00 元（上、下册）

建筑+表现
ARCHITECTURE
+EXPRESSION
CONTENTS : 1

规划设计

004 URBAN PLANNING

城市规划

1 2 3 4 5 重庆朝天门规划

绘制：温州焕彩文化传媒有限公司

1

2

3

4

5

1

1 2 3 成都CBD规划

设计：深圳建筑研究总院
绘制：深圳市水木数码影像科技有限公司

1 成都CBD规划

设计：深圳建筑研究总院
绘制：深圳市水木数码影像科技有限公司

2 3 复地三林综合项目规划

设计：ANS
绘制：上海赫智建筑设计有限公司

1

1

2

3

4

1 2 3 4 5 鄂尔多斯CBD规划
设计：清华大学建筑设计研究院
绘制：北京华洋逸光建筑设计咨询顾问有限公司
EMPORIO ARMANI
5

1 3 鄂尔多斯CBD规划

设计：清华大学建筑设计研究院
绘制：北京华洋逸光建筑设计咨询顾问有限公司

2 沧州政府规划

设计：沈阳杰克逊建筑设计有限公司
绘制：黑龙江省日盛设计有限公司

4 安徽省广电中心规划

设计：安徽省建筑设计研究院　黄伟军
绘制：合肥T平方建筑表现

1

2

3

4

1 2 3 4 5 成都医学城规划

设计：北京金飞檐建筑设计咨询公司
绘制：北京华洋逸光建筑设计咨询顾问有限公司

AEGEAN AIRLINES
SHOPPING MALL
la prairie
Häagen-Dazs
3

TMA
TOKYO MEDIA ACADEMY
4

5

1 2 3 常州火车站规划

设计：ANS
绘制：上海赫智建筑设计有限公司

1 2 3 北京房山城市设计

设计：汤宇樑 周炳宇
绘制：上海白沐建筑设计咨询有限公司

4 建德新安城市规划

设计：上海因派工程顾问有限公司
绘制：上海蓝典环境艺术设计有限公司

1 北京房山城市设计

设计：汤宇　周炳宇
绘制：上海白沐建筑设计咨询有限公司

1

2

■1 ■2 ■4 滨河新区核心区城市设计

设计：香港贝利设计（集团）有限公司
绘制：深圳市深白数码影像设计有限公司

■3 安徽省广电中心规划

设计：安徽省建筑设计研究院　黄伟军
绘制：合肥T平方建筑表现

GUCCI
1
2
3

1 2 3 4 5 仓前老街区规划

设计：中国美院设计院
绘制：杭州石头动画制作有限公司

1

■1■2■3■4 长春某规划

设计：联创国际
绘制：上海三藏环境艺术设计有限公司

2

1

1 2 4 长春某规划

设计：联创国际
绘制：上海三藏环境艺术设计有限公司

3 东莞茶山规划

设计：深圳市同济人建筑设计有限公司
绘制：深圳市三川世纪数码图像设计有限公司

2

3

4

1 2 3 邯郸开发区规划方案一

设计：清华大学建筑设计研究院
绘制：大千视觉（北京）数码科技有限公司

1

2

3

■1 陆家嘴某规划

设计：泛太平洋设计与发展有限公司
绘制：上海艺筑图文设计有限公司

■2 ■3 ■4 呼和浩特金宇新天地规划

绘制：北京屹巅时代建筑艺术设计有限公司

4

1 葫芦岛北港工业区商务园区起步区概念规划与城市设计

设计：深圳市城市规划设计研究院有限公司
绘制：深圳市长空永恒数字科技有限公司

2 赣州大学城规划

绘制：上海非思建筑设计有限公司

1

2

3 4 5 湖北十堰市东风大道沿线城市设计

设计：美国AR（杭州）筑道国际设计机构　上海市城市规划设计研究院
绘制：杭州市漫沿图文设计工作室

1 2 3 4 长株谭城市规划

绘制：长沙大涵设计

2

1

2

1 2 3 4 长株谭城市规划

绘制：长沙大涵设计

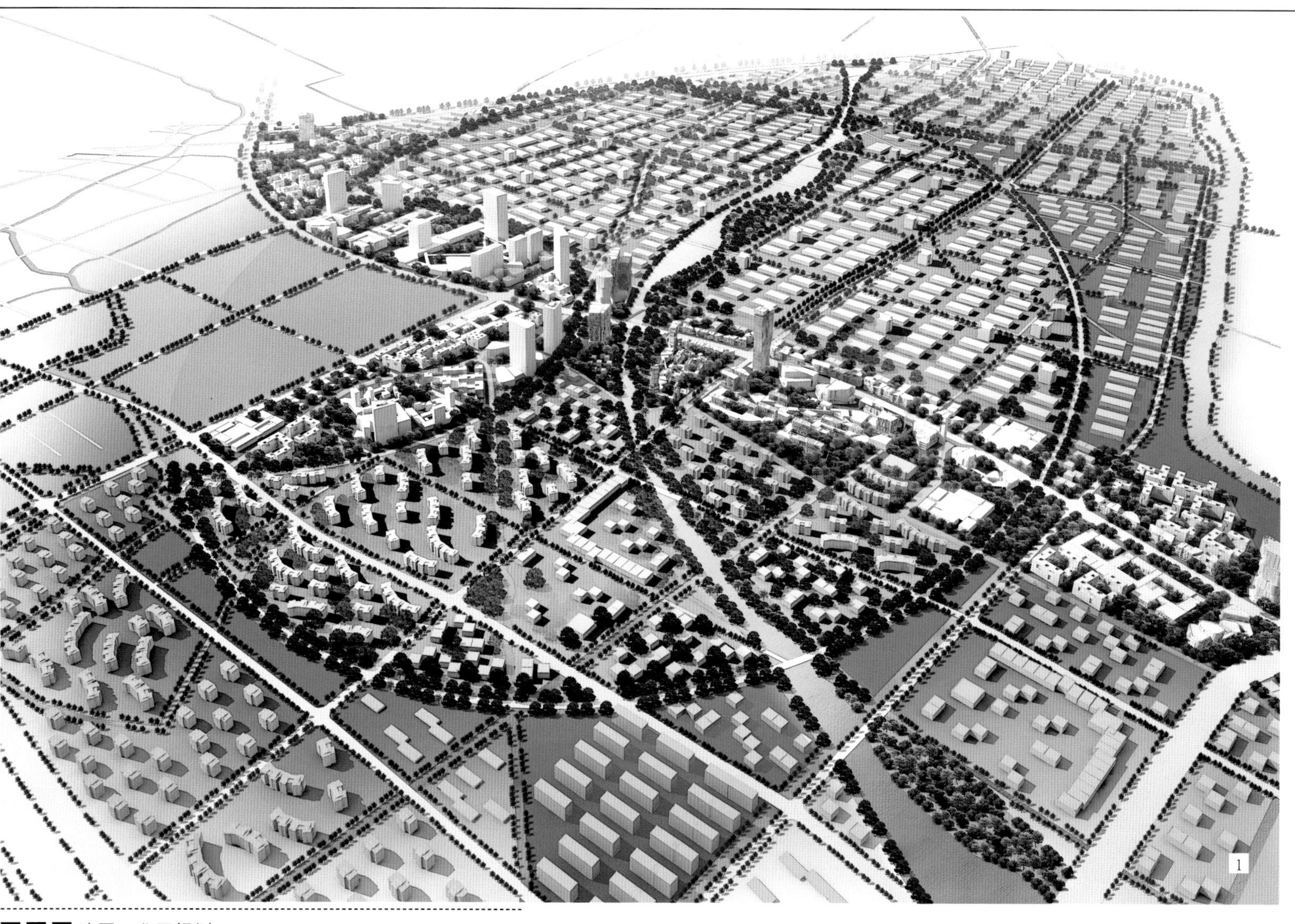

1 2 3 法国工业园规划

设计：北京龙安华诚建筑设计有限公司（总部） 邹迎晞
绘制：北京龙安华诚建筑设计有限公司制作部

043

企业园区C地块
企业园区B地块
机场路延伸段
明州大道
绕城高速
鄞奉江
南塘河

2

1 2 东升乡规划

设计：北京清尚环艺建筑设计院
绘制：北京华洋逸光建筑设计咨询顾问有限公司

3 大沽北路规划

设计：天津规划院专家组
绘制：天津天砚建筑设计咨询有限公司

1 2 福建奥特莱斯规划

设计：深圳同济人设计有限公司
绘制：深圳市森凯盟数字科技

3 昆山前进路城市设计

设计：中外建
绘制：上海赫智建筑设计有限公司

Bossini

1 防城港规划

设计：张钊荣
绘制：深圳市原创力数码影像设计有限公司

1

1

2

3

1 2 3 4 桂林市琴潭区中心区设计

设计：天筑建筑设计机构
绘制：天筑建筑设计机构

1 2 3 4 5 黄山区域城市设计

设计：浙江省城乡规划设计研究院
绘制：杭州石头动画制作有限公司

1
2

1 鄂尔多斯奥古斯都规划

绘制：北京屹巅时代建筑艺术设计有限公司

2 吉林某规划

设计：中船第九设计研究院工程有限公司
绘制：上海谦和建筑设计有限公司

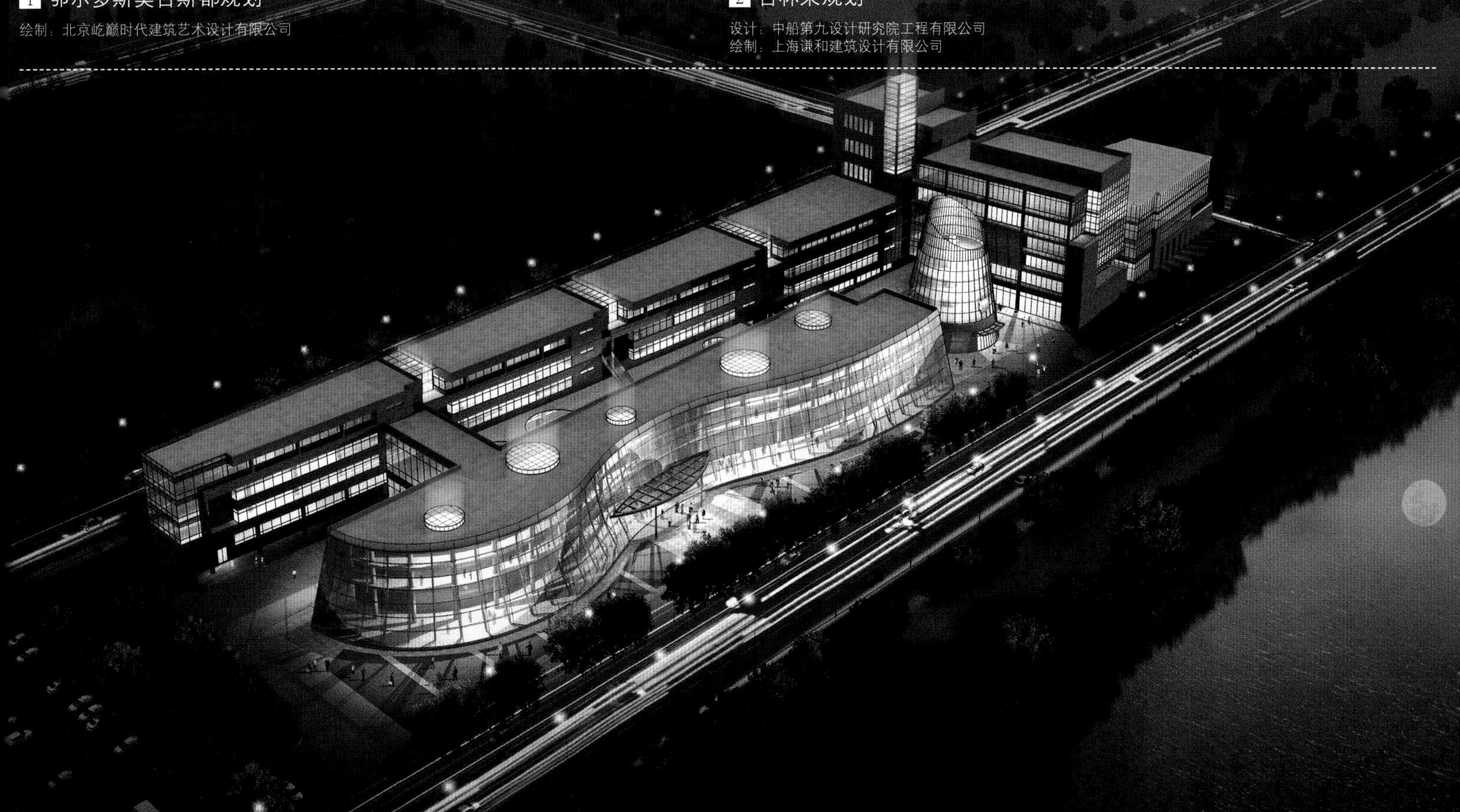

3 黄山区域城市设计

设计：浙江省城乡规划设计研究院
绘制：杭州石头动画制作有限公司

4 长白山仙人桥温泉城规划

设计：达沃斯巅峰旅游规划设计研究院
绘制：大千视觉（北京）数码科技有限公司

JING YING PLAZA
Bossini
JING YING PLAZA
Bossini

1 2 3 4 5 临海城市规划

设计：DLG
绘制：上海赫智建筑设计有限公司

1 2 江苏常熟某规划

设计：联创国际
绘制：上海三藏环境艺术设计有限公司

3 4 胶南规划

设计：谭东
绘制：上海右键巢起建筑表现

1

2

3

4

1 柳州某规划

设计：崔工
绘制：上海冰杉信息科技有限公司

2 3 柳州某规划

设计：胡工
绘制：上海冰杉信息科技有限公司

1

2

3

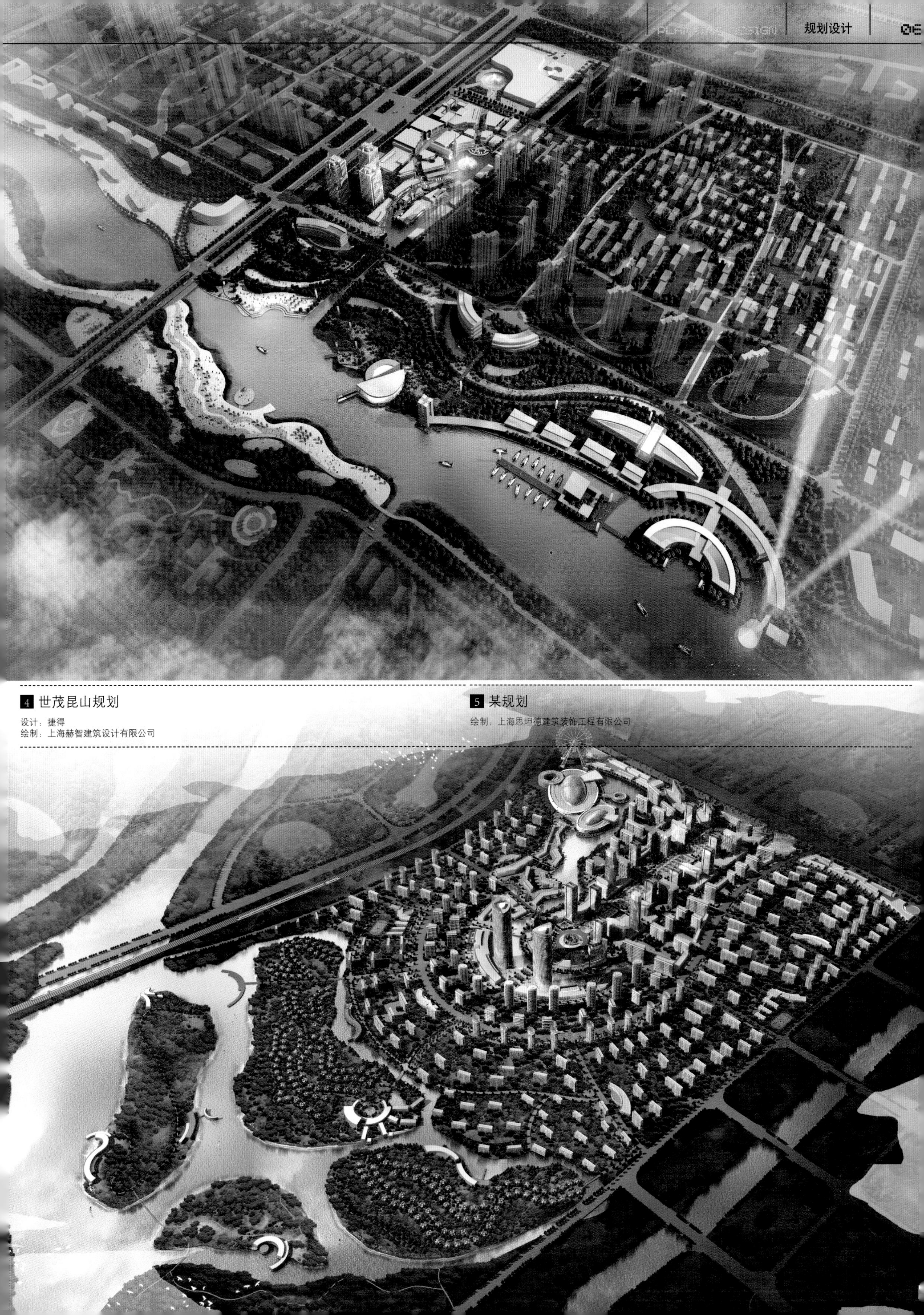

4 世茂昆山规划

设计：捷得
绘制：上海赫智建筑设计有限公司

5 某规划

绘制：上海思坦德建筑装饰工程有限公司

1 2 3 4 柳州某规划

设计：崔工
绘制：上海冰杉信息科技有限公司

2

4

1 3 4 5 某规划

设计：北京金飞檐建筑设计咨询公司
绘制：北京华洋逸光建筑设计咨询顾问有限公司

2 桂林市琴潭区中心区设计

设计：天筑建筑设计机构
绘制：天筑建筑设计机构

6 邯郸开发区规划方案二

设计：清华大学建筑设计研究院
绘制：大千视觉（北京）数码科技有限公司

3

1 2 3 某规划

设计：顾立
绘制：上海赫智建筑设计有限公司

2

1

3

1

2

1 2 4 山东华春健康城

设计：北京龙安华诚建筑设计有限公司（总部）　邹迎晞
绘制：北京龙安华诚建筑设计有限公司制作部

3 苏河湾城市设计

设计：上海红东规划建筑设计有限公司
绘制：上海蓝典环境艺术设计有限公司

5 某规划

设计：马亮
绘制：上海赫智建筑设计有限公司

3

1 2 3 4 某规划

设计：马亮
绘制：上海赫智建筑设计有限公司

1

2

1 2 某规划

绘制：上海白沐建筑设计咨询有限公司

3 长白山规划

设计：北京构易建筑设计有限公司
绘制：大千视觉（北京）数码科技有限公司

1

2

1 4 南昌火车站周边规划设计方案

设计：北京城建设计研究总院有限责任公司
绘制：深圳市长空永恒数字科技有限公司

2 3 南昌华中国际工业原料商品物流城规划

设计：尺筑
绘制：上海赫智建筑设计有限公司

1 纽斯凯威城市设计

绘制：上海艺道

1

2 成都某规划

设计：斯道沃建筑
绘制：上海思坦德建筑装饰工程有限公司

3 葫芦岛北港工业区商务园区起步区概念规划与城市设计

设计：深圳市城市规划设计研究院有限公司
绘制：深圳市长空永恒数字科技有限公司

1 广州南沙滨海生态新城蕉门河中心区城市设计

设计：深圳市城市规划设计研究院有限公司
绘制：深圳市长空永恒数字科技有限公司

1

2

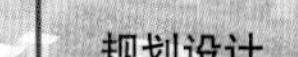

2 4 平乐古镇骑龙山以东区域概念性规划

设计：深圳市城市规划设计研究院有限公司
绘制：深圳市长空永恒数字科技有限公司

3 中澳游艇城规划

设计：伟信建筑
绘制：天津天砚建筑设计咨询有限公司

1

2

1 2 广深港客运专线光明站周边地区城市设计

设计：中国城市规划设计研究院深圳分院
绘制：深圳市长空永恒数字科技有限公司

3 平乐古镇骑龙山以东区域概念性规划

设计：深圳市城市规划设计研究院有限公司
绘制：深圳市长空永恒数字科技有限公司

4 广州南沙滨海生态新城蕉门河中心区城市设计

设计：深圳市城市规划设计研究院有限公司
绘制：深圳市长空永恒数字科技有限公司

5 上海青浦某规划

设计：上海翼觉建筑设计咨询有限公司
绘制：上海翼觉建筑设计咨询有限公司

3

4

5

■1 ■2 平山规划

设计：北京林业大学城市规划设计研究院
绘制：大千视觉（北京）数码科技有限公司

■3 某规划

设计：中科院河南分院　邬泽勇　等
绘制：郑州灵度景观设计有限公司

■4 广深港客运专线光明站周边地区城市设计

设计：中国城市规划设计研究院深圳分院
绘制：深圳市长空永恒数字科技有限公司

1 2 4 平潭综合实验区概念性总体规划

设计：深圳市城市规划设计研究院有限公司
绘制：深圳市长空永恒数字科技有限公司

3 马鞍山南部沿江承接产业转移集中区控制性详细规划

设计：深圳市城际联盟城市规划设计有限公司
绘制：深圳市深白数码影像设计有限公司

1 2 3 4 青山湖科创城规划

设计：杭州市城市规划设计研究院
绘制：杭州石头动画制作有限公司

1

1

2

3

1 2 3 三林规划

设计：ANS
绘制：上海赫智建筑设计有限公司

4 蕲春工业园区规划

绘制：武汉擎天建筑设计咨询有限公司

4

1

1 2 3 三亚规划

设计：联创国际
绘制：上海三藏环境艺术设计有限公司

1 2 上虞滨海新城城市设计

设计：汤宇樑　邢益斌
绘制：上海白沐建筑设计咨询有限公司

3 上虞概念规划与城市设计

设计：深圳市城市规划设计研究院有限公司
绘制：深圳市长空永恒数字科技有限公司

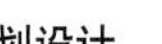

4 温州龙水一区、二区控制性详细规划

设计：深圳市城市规划设计研究院有限公司
绘制：深圳市长空永恒数字科技有限公司

Cartier
ESPRIT

4 某城区规划

绘制：福州全景计算机图形有限公司

1 某规划

设计：苏州华造建筑设计有限公司
绘制：苏州三千世纪

2 3 5 绍兴袍江新区"两湖"区域空间发展规划及核心地段城市设计

设计：深圳大学建筑与城市规划学院
绘制：深圳市深白数码影像设计有限公司

1 某规划

设计：张剑坤
绘制：上海赫智建筑设计有限公司

2 3 4 寿光规划

设计：青岛市民用建筑设计院
绘制：青岛金东数字科技有限公司

2

3

4

1 2 3 4 体育新城北拆迁安置片区规划

设计：新城市规划建筑设计有限公司
绘制：深圳市深白数码影像设计有限公司

5 石家庄一公里规划

设计：天大卓然
绘制：天津天砚建筑设计咨询有限公司

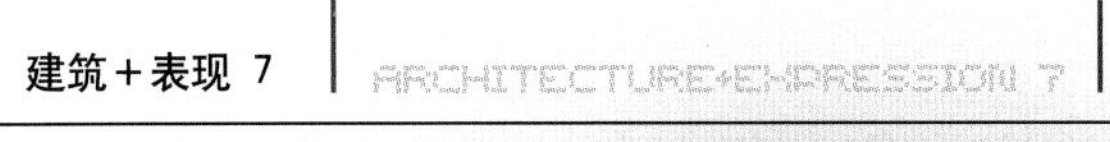

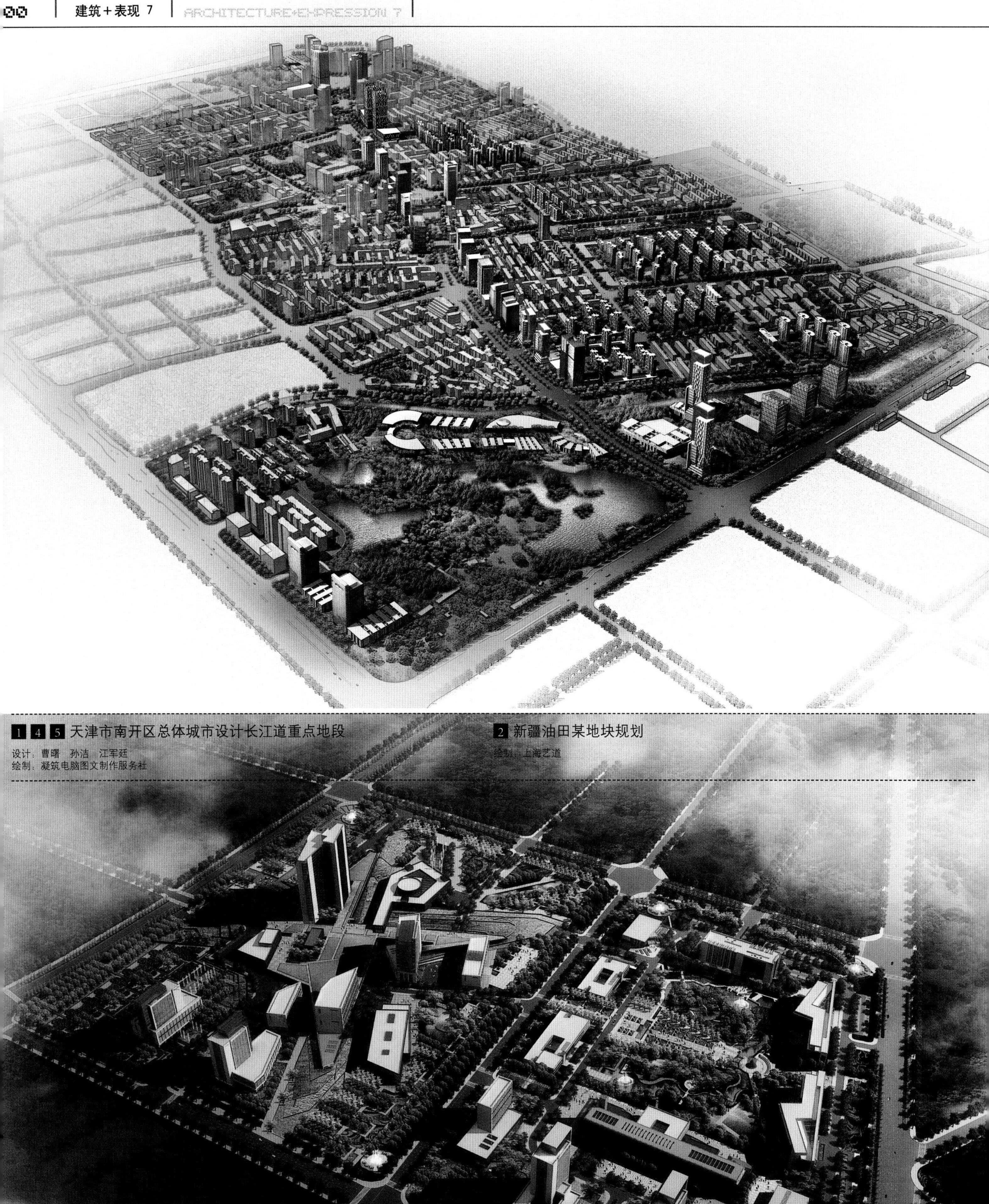

1 4 5 天津市南开区总体城市设计长江道重点地段

设计：曹曙　孙洁　江军廷
绘制：凝筑电脑图文制作服务社

2 新疆油田某地块规划

绘制：上海艺道

3 上海某规划

设计：李工
绘制：上海冰杉信息科技有限公司

3

4

5

1 婺源月亮湾规划

设计：伟信建筑
绘制：天津天砚建筑设计咨询有限公司

1 3 4 同华冠县规划

绘制：上海艺道

2 漳平规划

绘制：上海迪伍数码科技有限公司

1

2

3

1 2 3 武汉大道城市设计

设计：武汉七星设计工程有限公司
绘制：武汉擎天建筑设计咨询有限公司

4 泰达规划

设计：泰达建设
绘制：天津天唐筑景建筑设计咨询有限公司

1 2 无锡市蠡湖新城规划设计

设计：无锡市规划设计研究院
绘制：无锡艺派图文设计有限公司

3 邢台规划

设计：泛华公司
绘制：北京东篱建筑表现工作室

4 无锡市梅里古都规划

设计：大陆建筑设计研究咨询事务所　李兵
绘制：成都市天拓数字图像设计有限公司

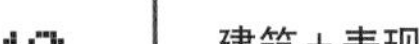

1

2

3

1 无锡市梅里古都西宫

设计：大陆建筑设计研究咨询事务所　李兵
绘制：成都市天拓数字图像设计有限公司

2 某规划

设计：ECS
绘制：上海赫智建筑设计有限公司

3 无锡市蠡湖新城规划设计

设计：无锡市规划设计研究院
绘制：无锡艺派图文设计有限公司

1 2 3 4 5 6 芜湖侨鸿规划

设计：泛太平洋设计与发展有限公司
绘制：上海艺筑图文设计有限公司

5

6

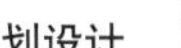

1 重庆弹子石规划

设计：LWK（HK）
绘制：深圳市水木数码影像科技有限公司

1 2 3 4 舟山东港商业圈城市设计

设计：舟山市规划建筑设计研究院
绘制：杭州光屹数字科技

3

4

1 潍坊CBD规划

设计：泛太平洋设计与发展有限公司
绘制：上海艺筑图文设计有限公司

2 3 桐庐高铁站前区域规划

设计：浙江省城乡规划设计研究院
绘制：杭州石头动画制作有限公司

1

3

2

4 钢铁城规划

设计：北京龙安华诚建筑设计有限公司（总部）邹迎晞
绘制：北京龙安华诚建筑设计有限公司制作部

4

1 2 西安尤家庄城市综合体规划

绘制：上海艺筑图文设计有限公司

3 丰润城市设计

绘制：北京未来空间建筑设计咨询有限公司

1

2

1

1 3 4 5 相城交通规划

设计：苏州市东吴建筑设计研究院
绘制：苏州三千世纪

2 昆明商业规划

设计：浙江省建筑设计研究院
绘制：杭州潘多拉数字科技有限公司

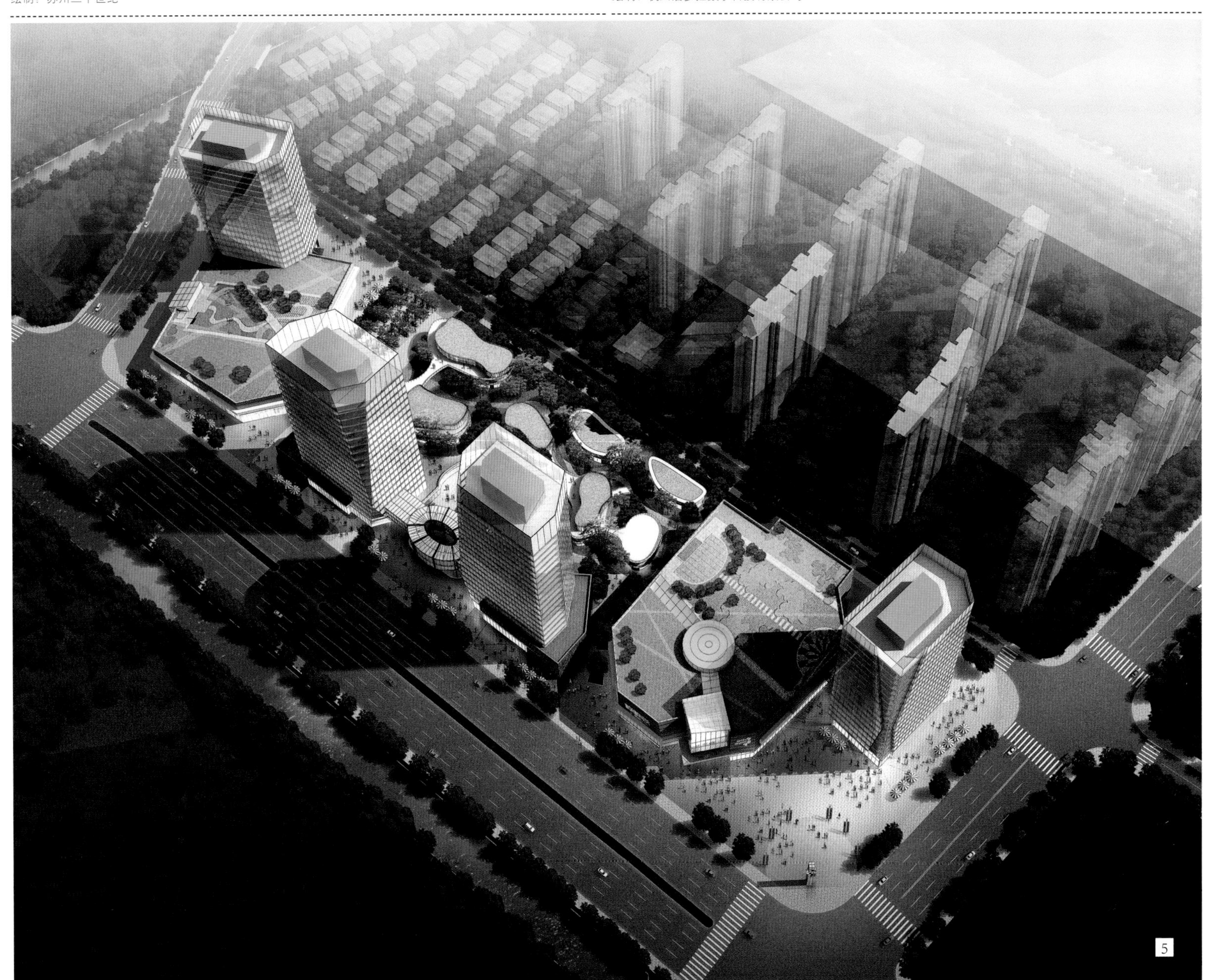

1 2 3 4 5 萧山城市规划

设计：上海翼觉建筑设计咨询有限公司
绘制：上海翼觉建筑设计咨询有限公司

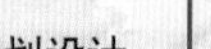

1 2 3 5 新塘国际商务城

设计：新加坡邦城规划顾问公司深圳分公司
绘制：深圳市深白数码影像设计有限公司

4 肥西派河城市设计

设计：合肥景风建筑设计咨询有限公司
绘制：合肥飞扬图像

1 新乡城市规划

设计：同济规划设计研究院
绘制：上海翼觉建筑设计咨询有限公司

1 3 新乡城市规划

设计：雅克建筑规划设计有限公司
绘制：上海翼觉建筑设计咨询有限公司

2 新乡城市规划

设计：同济规划设计研究院
绘制：上海翼觉建筑设计咨询有限公司

1

2

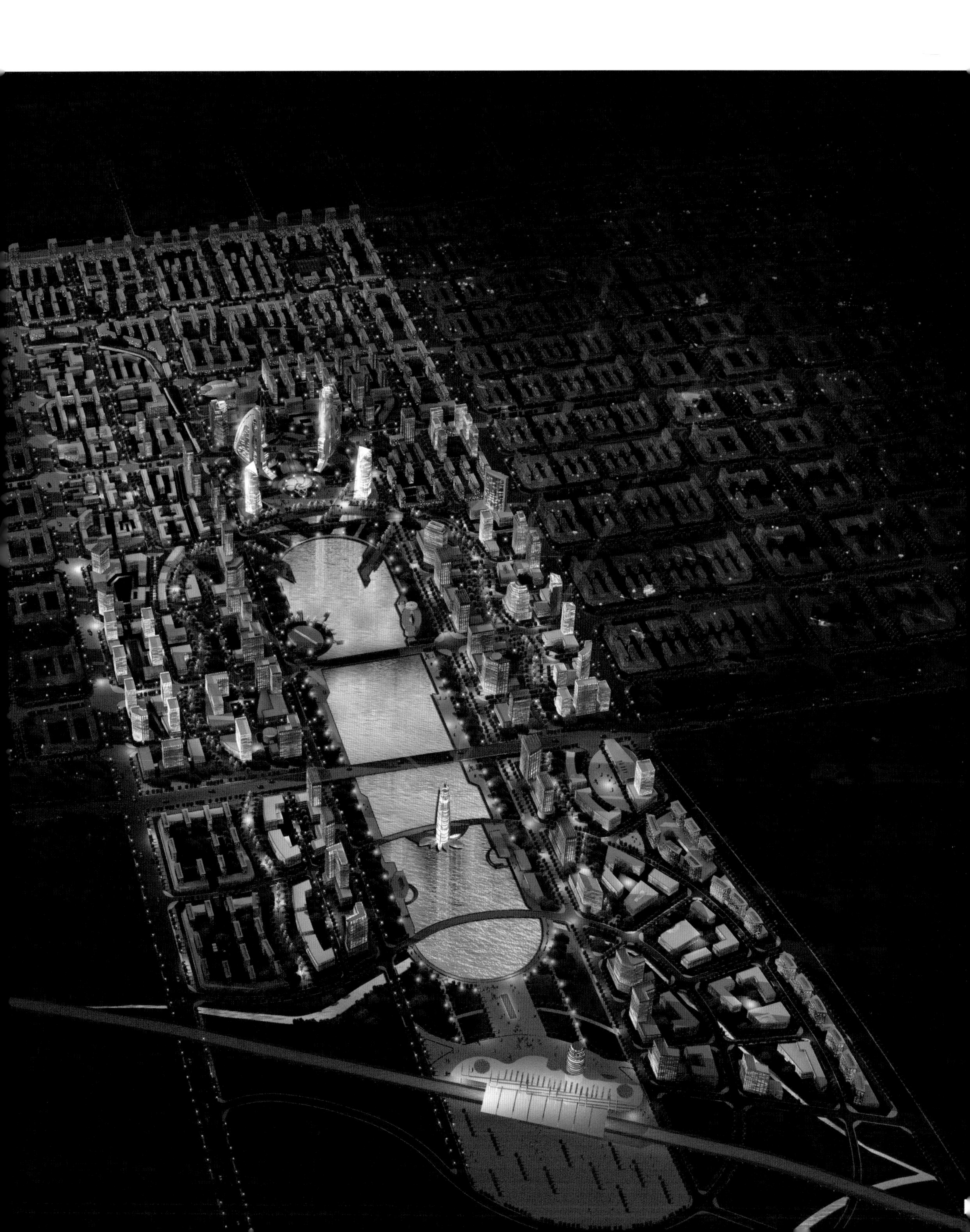

1 2 4 5 烟台某规划

绘制：上海白沐建筑设计咨询有限公司

3 苏州某规划

设计：北京清华城市规划设计研究院
绘制：大千视觉（北京）数码科技有限公司

3

4

5

1 2 4 亦庄规划

绘制：北京屹巅时代建筑艺术设计有限公司

3 重庆弹子石规划

设计：LWK（HK）
绘制：深圳市水木数码影像科技有限公司

3

4

1 4 营口某规划

设计：中国中建设计集团有限公司
绘制：北京回形针图像设计有限公司

2 3 异形规划

绘制：上海迪伍数码科技有限公司

4

1 2 银川CBD规划

设计：北京清华城市规划设计研究院
绘制：大千视觉（北京）数码科技有限公司

3 4 5 宜兴市大溪河南侧地区城市设计

设计：无锡市规划设计研究院 施丽 龙朝瑞 马克萍
绘制：无锡艺派图文设计有限公司

1 汽车厂东路规划

设计：山东佳益建筑设计院
绘制：济南雅色机构

2 余家堡规划

设计：建院四所
绘制：天津天砚建筑设计咨询有限公司

2

1 合景地块规划

设计：苏州华造建筑设计有限公司
绘制：苏州三千世纪

1 2 黔西规划

设计：贵阳市建筑设计院十三分院
绘制：贵阳意动信息技术有限公司

3 某城市规划

设计：苏州华造建筑设计有限公司
绘制：苏州三千世纪

1

■1 郑州郑东新区龙湖副中心概念规划

设计：腾远建筑事务所
绘制：上海幻思数码科技有限公司

■2 ■3 ■4 ■5 浙江某规划区

设计：倪工
绘制：上海冰杉信息科技有限公司

3

4

5

1

1 5 浙江余杭临平新城概念规划设计

设计：美国AR（杭州）筑道国际设计机构　上海市城市规划设计研究院
绘制：杭州市漫沿图文设计工作室

2 开封城市之门

设计：煤炭工业郑州设计研究院　赵工 等
绘制：郑州灵度景观设计有限公司

3 青岛城市规划

设计：伟信建筑
绘制：天津天砚建筑设计咨询有限公司

4 某规划

设计：北京清华城市规划设计研究院
绘制：大千视觉（北京）数码科技有限公司

1 大目湾规划

绘制：上海迪伍数码科技有限公司

2 某城市规划

设计：张剑坤
绘制：上海赫智建筑设计有限公司

1

2

3 唐山市丰润区规划设计

设计：广州市科城规划勘测技术有限公司北京分公司
绘制：北京回形针图像设计有限公司

4 北镇政府规划

设计：辽宁省规划设计研究院
绘制：沈阳金思澜建筑设计咨询有限公司

1 湖北十堰市东风大道沿线城市设计

设计：美国AR（杭州）筑道国际设计机构　上海市城市规划设计研究院
绘制：杭州市漫沿图文设计工作室

2 **3** 中国（江苏）盱眙轴承物流城规划

设计：浙江高专建筑设计院有限公司
绘制：宁波市仁轩建筑设计表现公司

1

2

3

1 2 3 4 5 张江高科技创区城市设计

设计：DLG
绘制：上海赫智建筑设计有限公司

3

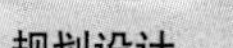

4

1 厚街规划

设计：东莞市规划院
绘制：东莞市天海图文设计

2 **3** 东方米兰

设计：东部新城
绘制：宁波筑景

4 大连某规划

设计：谭东
绘制：上海右键巢起建筑表现

1 句容湖城市设计

设计：无锡营都规划设计有限公司
绘制：无锡艺派图文设计有限公司

2 红岛规划

设计：某规划设计院
绘制：青岛唯嘉数码图像有限公司

3 国家物联网规划设计

设计：无锡市规划设计研究院
绘制：无锡艺派图文设计有限公司

4 巴市物流园规划

设计：重庆大学深圳分院
绘制：深圳市深白数码影像设计有限公司

/ 004-249 PLANNING DESIGN

规划设计

/ 160 PLANNING FOR RESIDENTIAL AREA

居住区规划

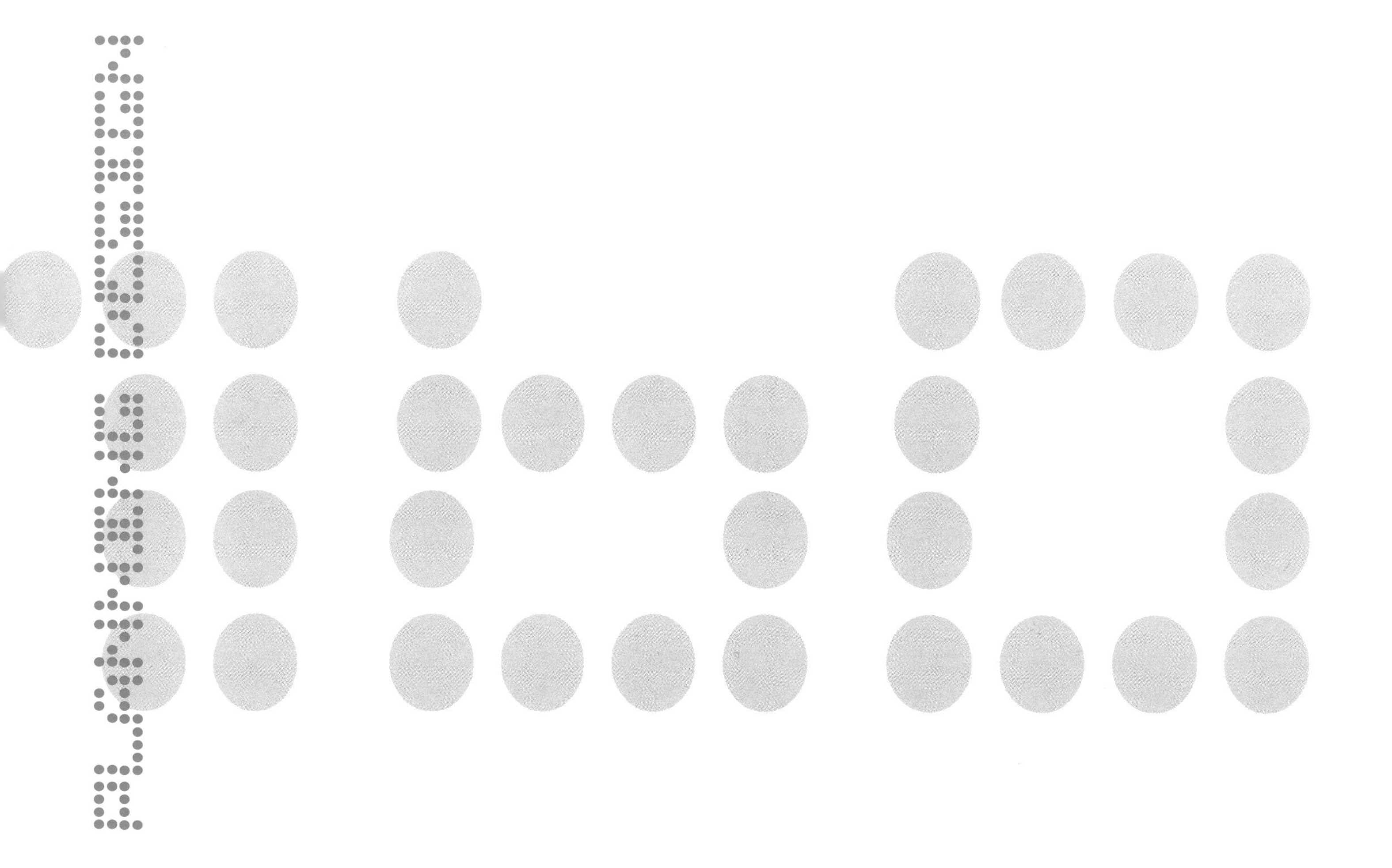

1 毕节大众规划

设计：贵阳市建筑设计院十三分院
绘制：贵阳意动信息技术有限公司

1 2 3 毕节大众规划

设计：贵阳市建筑设计院十三分院
绘制：贵阳意动信息技术有限公司

1

1 2 成都300亩规划

设计：深圳建筑研究总院
绘制：深圳市水木数码影像科技有限公司

3 4 5 某住宅规划

绘制：长沙大汤设计

2

3

4

5

1 2 3 4 汉中居住区规划

设计：汤宇樑 吴永才
绘制：上海白沐建筑设计咨询有限公司

茶

1

1 2 爱联旧村改造专项规划

设计：新城市规划建筑设计有限公司
绘制：深圳市深白数码影像设计有限公司

3 4 碧海云居 · 尚品规划

设计：北京东方华太建筑设计工程有限责任公司　齐颖
绘制：北京回形针图像设计有限公司

1 3 益田大运城邦规划

设计：益田集团
绘制：深圳市原创力数码影像设计有限公司

2 昆明博欣精英城

设计：北京中外建建筑设计有限公司　尚国平
绘制：北京回形针图像设计有限公司

2

3

1 2 昆明博欣精英城项目

设计：北京中外建建筑设计有限公司　尚国平
绘制：北京回形针图像设计有限公司

3 4 长兴岛某区域规划设计

设计：ECS
绘制：上海赫智建筑设计有限公司

1 仙居规划

设计：泛太平洋设计与发展有限公司
绘制：上海艺筑图文设计有限公司

2 3 湘潭居住区规划

绘制：上海艺道

2

1

2

1 某居住区规划

设计：宁波市规划设计研究院
绘制：宁波芒果树图像设计有限公司

2 3 大连诺德滨海花园规划

设计：北京正元建筑设计咨询有限公司
绘制：北京回形针图像设计有限公司

1 2 3 4 临沂某规划

设计：北京清城华筑建筑设计研究院
绘制：大千视觉（北京）数码科技有限公司

Experiment
GIVENCHY
BRITAIN
DISTRACTION
CANOVAS
CHANEL
1
2

1

2

3

4

1 2 3 4 5 6 临沂某规划

设计：北京清城华筑建筑设计研究院
绘制：大千视觉（北京）数码科技有限公司

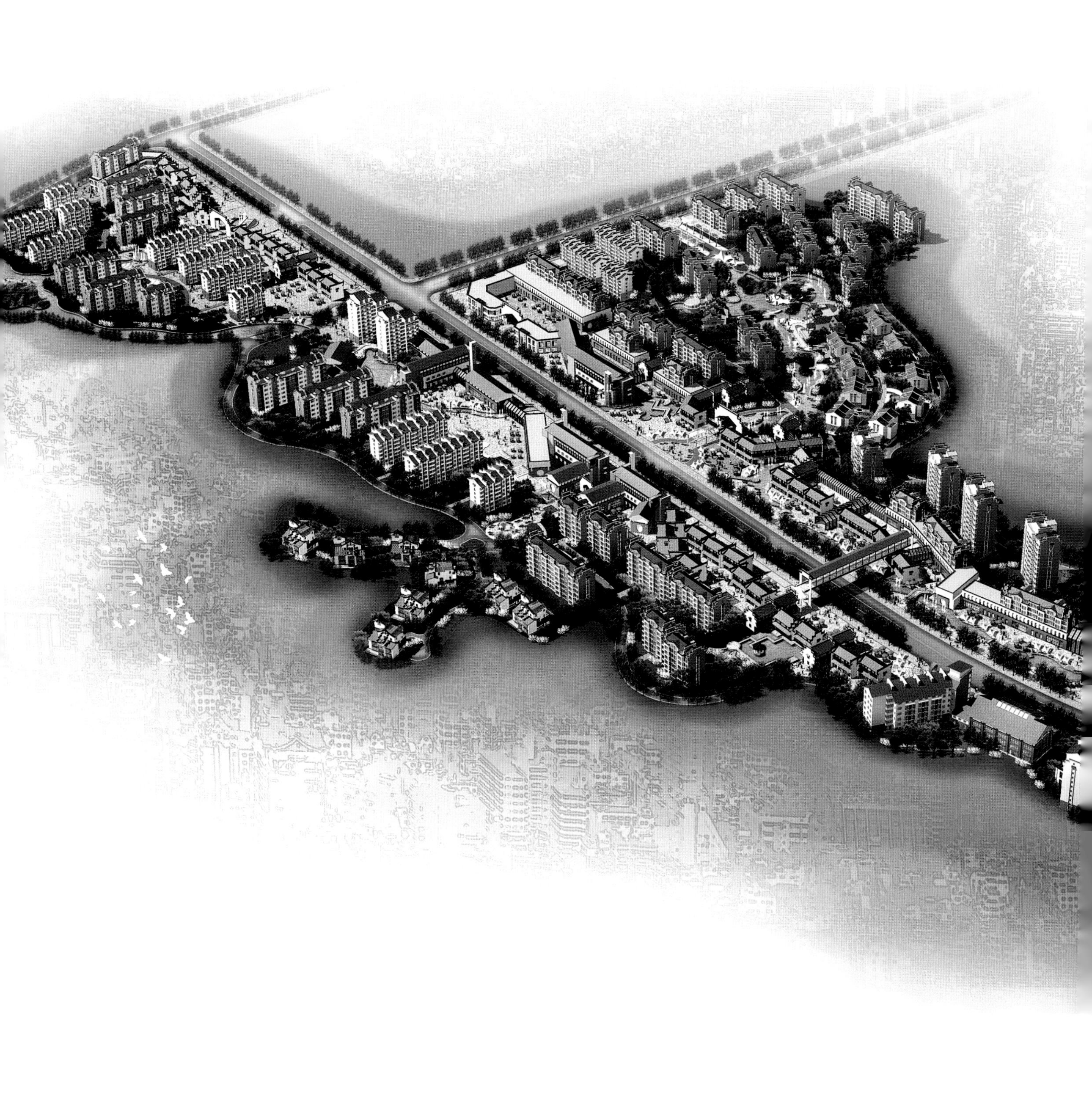

■■ 某规划

设计：北京中华建烟台分院
绘制：青岛金东数字科技有限公司

■ 中铁集团北京黄土岗居住区规划

设计：北京易墨建筑设计有限公司
绘制：北京回形针图像设计有限公司

1

1 2 宁波华翔规划

设计：泛太平洋设计与发展有限公司
绘制：上海艺筑图文设计有限公司

1

2

3 某住宅规划

设计：吴工
绘制：深圳左右艺术设计有限公司

4 合肥某居住区规划

设计：深圳柏安建设计有限公司
绘制：深圳市森凯盟数字科技

1

1 2 大洋彼岸住宅规划

设计：ECS
绘制：上海赫智建筑设计有限公司

3 某住宅规划

绘制：理二奎

1 2 赣州滨江四期规划

设计：北京中和建城建筑工程设计有限公司杭州分公司
绘制：杭州市漫沿图文设计工作室

3 青州某小区规划

设计：北京北达规划设计有限公司
绘制：大千视觉（北京）数码科技有限公司

4 皇金鸟巢居住规划

设计：北京正东重庆分院
绘制：重庆仕方图像

1

1 2 3 4 青山规划

设计：广州市景森工程设计顾问有限公司
绘制：广州市一创电脑图像设计有限公司

2

3

4

1 2 虎门桥规划

设计：深圳市市政设计研究院有限公司
绘制：深圳市深白数码影像设计有限公司

3 重庆某小区规划

设计：深圳建筑研究总院
绘制：深圳市水木数码影像科技有限公司

4 万科旗忠规划

设计：上海天华建筑设计有限公司
绘制：上海朗域数码科技有限公司

1

2

1 2 4 赤峰某居住区规划

设计：加拿大宝佳国际建筑师有限公司
绘制：北京华洋逸光建筑设计咨询顾问有限公司

3 安顺场古镇改造

设计：任欣
绘制：成都意筑数码图像

5 黄舣老街规划

绘制：上海艺道

1

2

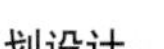

1 木兰山天赐港湾规划

设计：武汉轻工建筑设计有限公司
绘制：武汉擎天建筑设计咨询有限公司

2 南昌保利居住区规划

设计：深圳市筑博工程设计有限公司
绘制：深圳市深白数码影像设计有限公司

3 某居住区规划

绘制：上海思坦德建筑装饰工程有限公司

1 2 3 南阳金港国际项目二期规划

绘制：北京未来空间建筑设计咨询有限公司

2

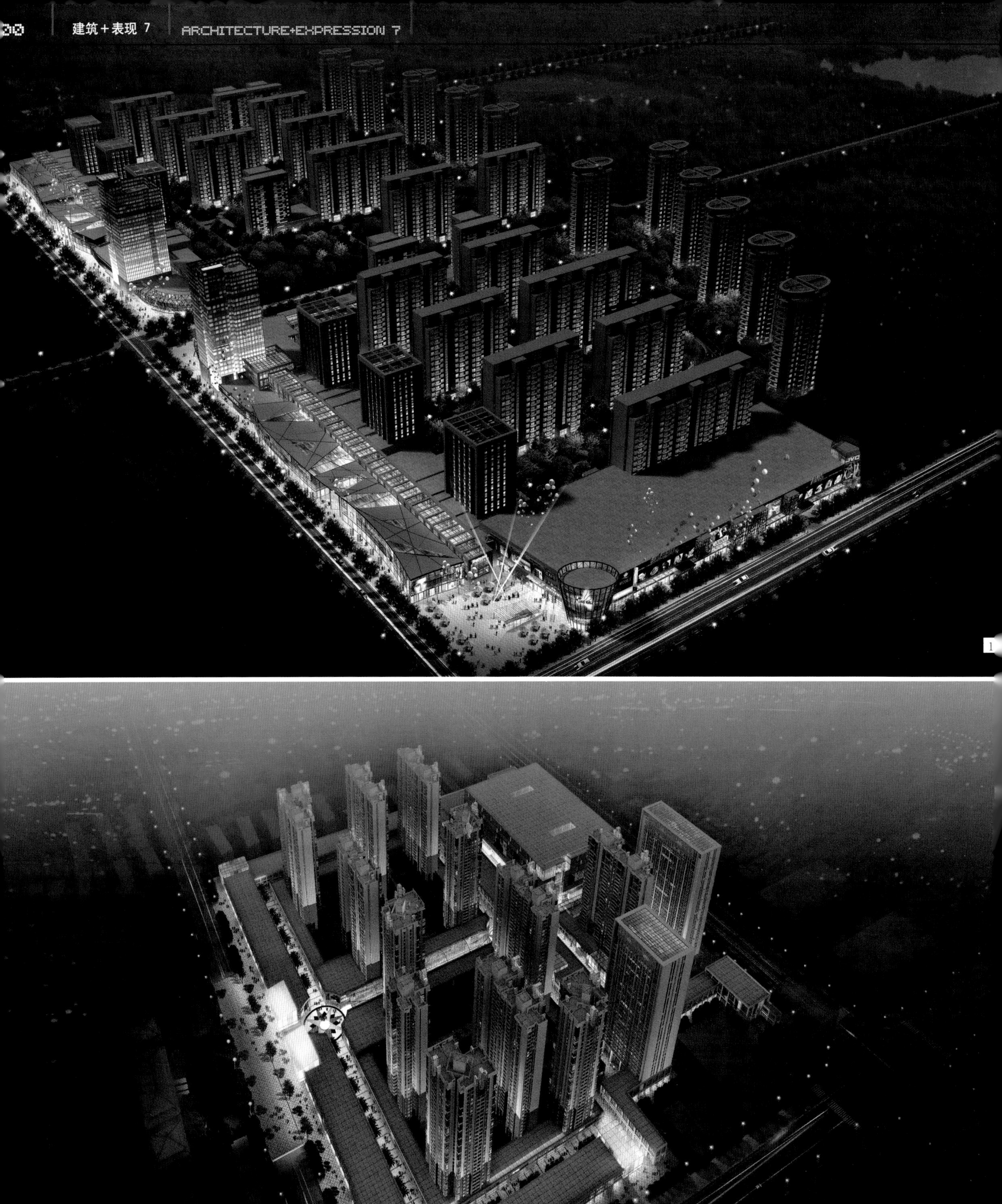

1

2

1 3 某住宅规划

绘制：上海艺道

2 荆州摩尔城

设计：广州市景森工程设计顾问有限公司
绘制：广州市一创电脑图像设计有限公司

4 非常旺角

设计：北京林堡建筑设计咨询有限公司
绘制：北京回形针图像设计有限公司

1

1 某住宅小区规划

设计：郑州市建筑设计院　张志　等
绘制：郑州灵度景观设计有限公司

2 世纪新城规划

设计：陈德明
绘制：深圳市原创力数码影像设计有限公司

3 常熟住宅项目规划

设计：同济院
绘制：上海三藏环境艺术设计有限公司

4 太原宏鸾住宅区规划

设计：越格建筑设计有限公司
绘制：大千视觉（北京）数码科技有限公司

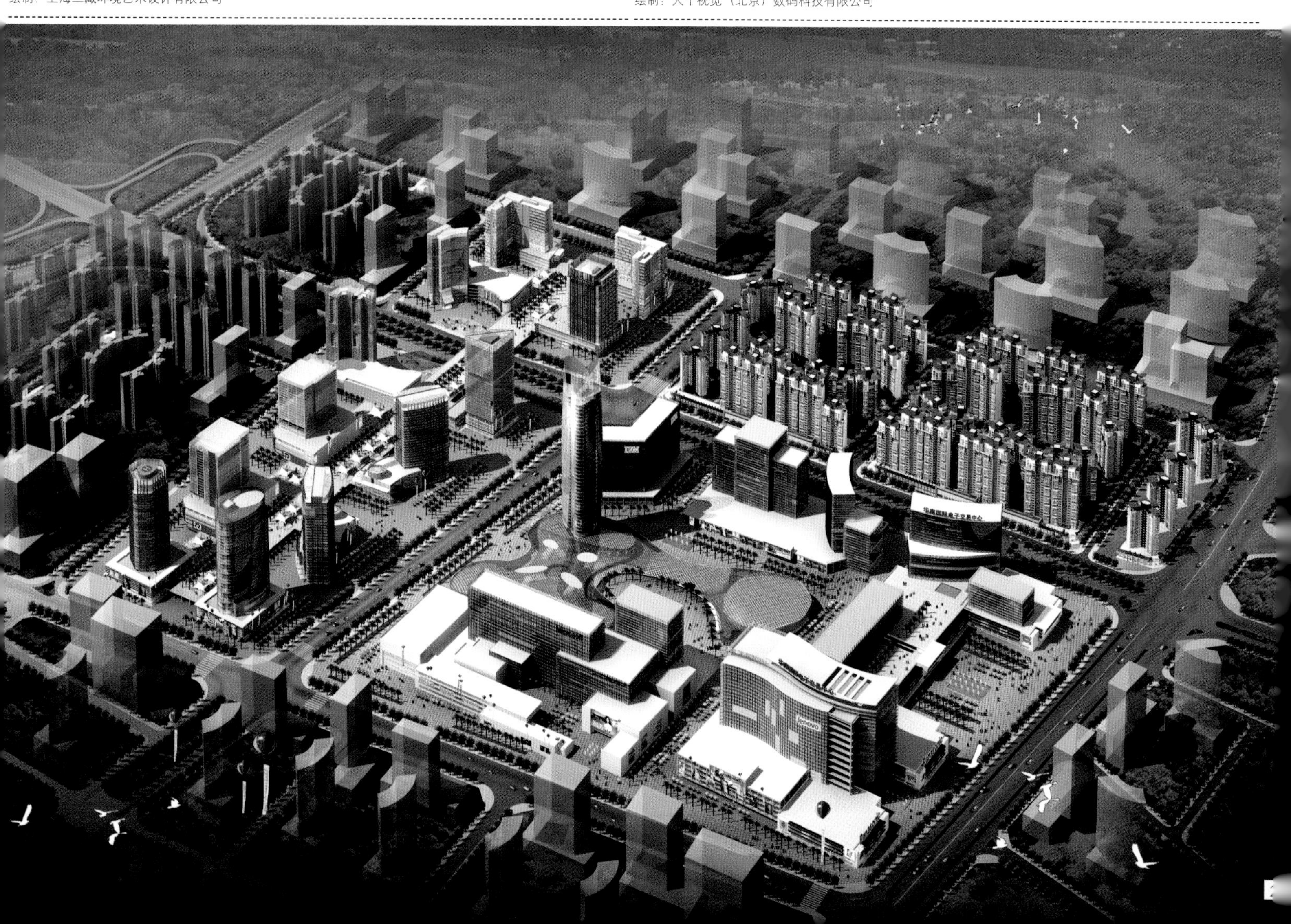

2

4

5 锦州白沙小筑规划

绘制：北京屹巅时代建筑艺术设计有限公司

1 3 杭州某住宅规划

设计：张工
绘制：上海冰杉信息科技有限公司

2 青岛李沧居住区规划

设计：联创国际
绘制：上海三藏环境艺术设计有限公司

1 2 3 4 穹龙山项目规划

设计：联创国际
绘制：上海三藏环境艺术设计有限公司

2

1

3

4

1 2 始兴丝绸文化创意产业园及生态社区规划

设计：OUR（HK）设计事务所
绘制：深圳市长空永恒数字科技有限公司

3 达洲小区规划

设计：范晓东
绘制：成都市天拓数字图像设计有限公司

LANCEL
Dior

1 机场路规划

设计：哈尔滨工业大学建筑设计研究院
绘制：哈尔滨一方伟业文化传播有限公司

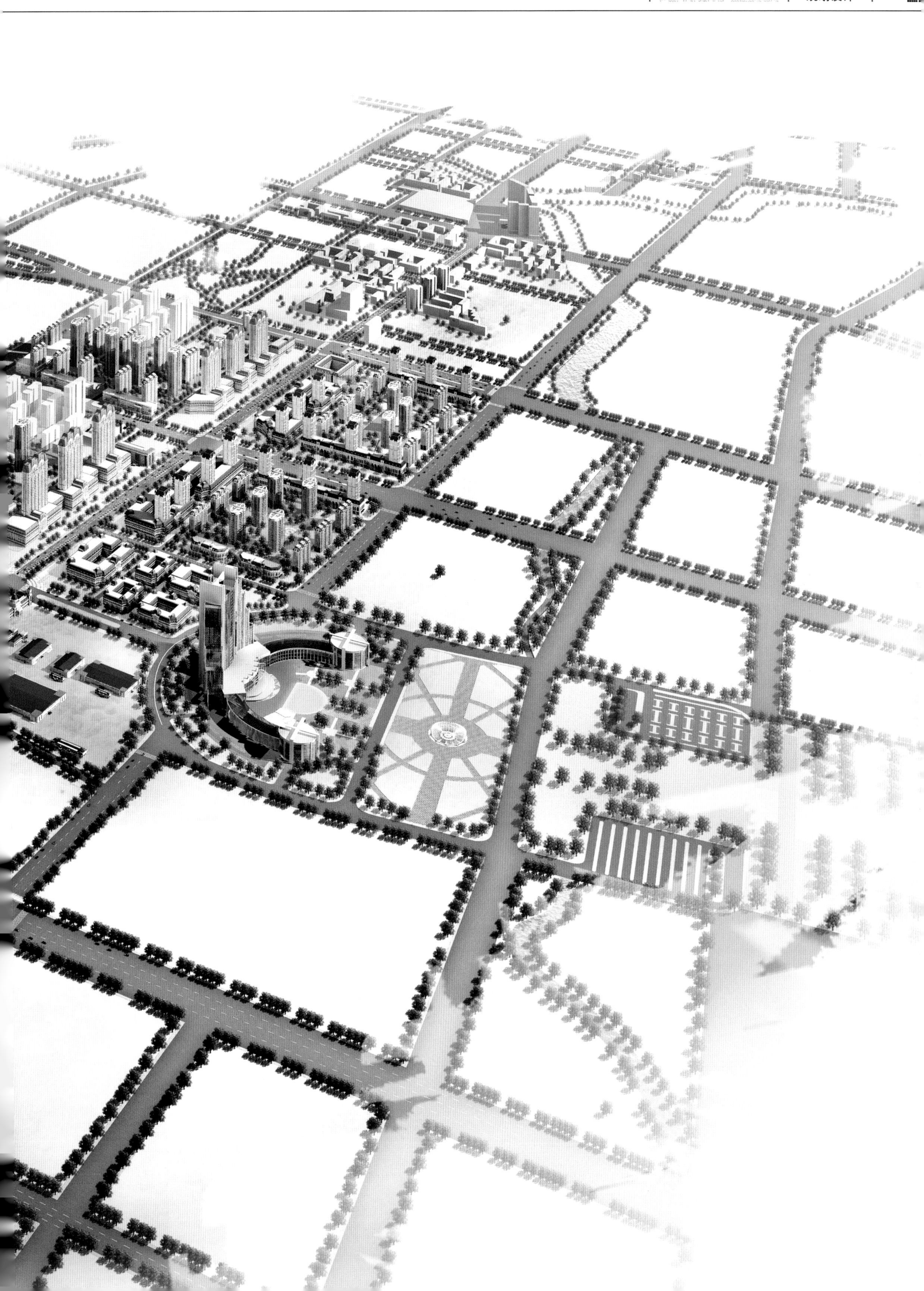

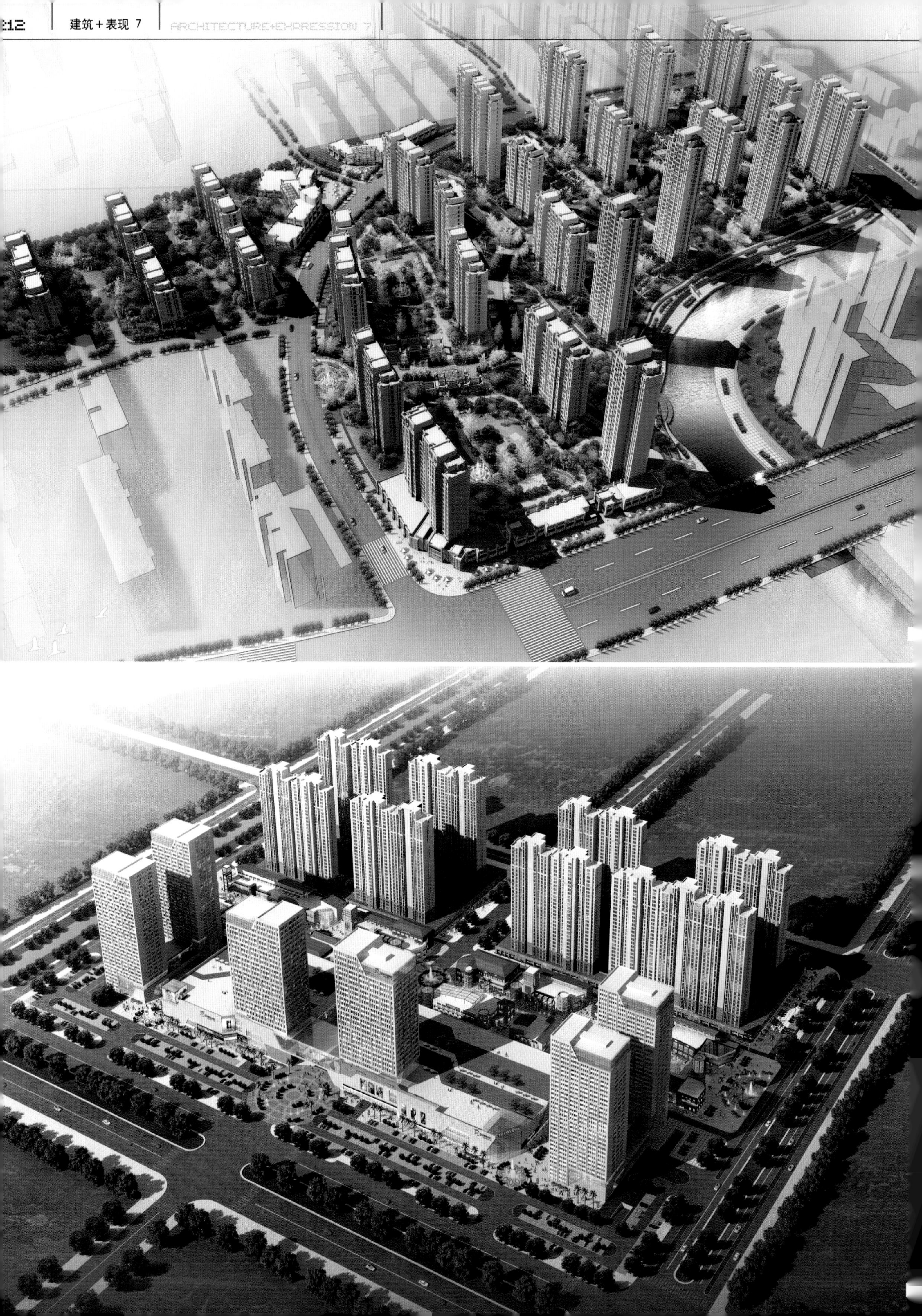

■1 济南某住宅区规划

设计：上海众鑫建筑设计研究院
绘制：上海域言建筑设计咨询有限公司

■2 洛阳宝龙规划

设计：联创国际
绘制：上海三藏环境艺术设计有限公司

■3 ■4 司徒村规划

设计：加拿大宝佳国际建筑师有限公司
绘制：北京华洋逸光建筑设计咨询顾问有限公司

■5 无锡长甲规划

设计：上海尤埃建筑设计有限公司
绘制：上海艺筑图文设计有限公司

1 泰州尊园花苑规划

设计：浙江省建筑设计研究院
绘制：杭州光屹数字科技

2 光明某住宅规划

设计：深圳星蓝德工程顾问有限公司
绘制：深圳市长空永恒数字科技有限公司

3 济南小清河周边规划

设计：山东佳益建筑设计院
绘制：济南雅色机构

2

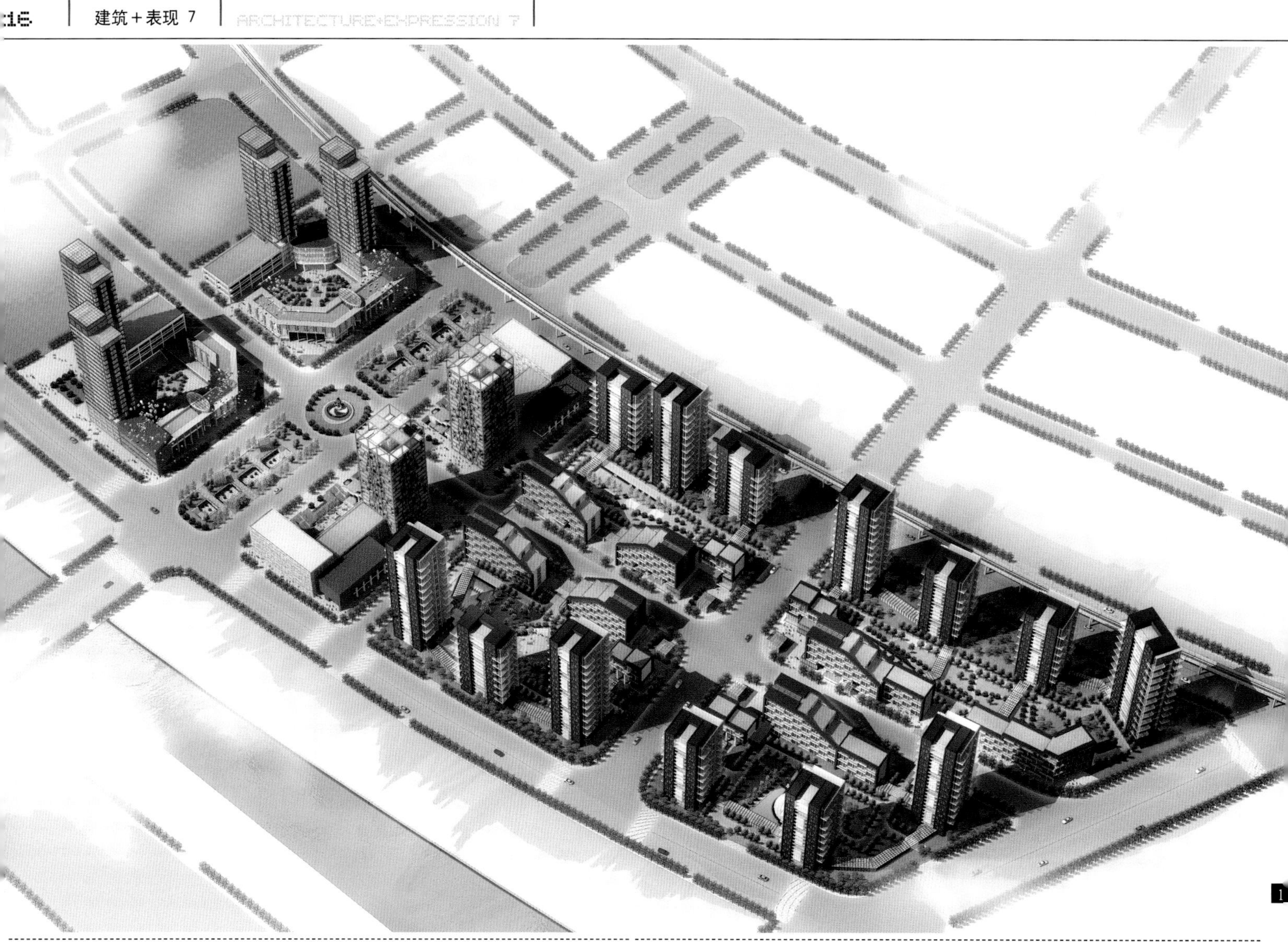

1 张江中区居住规划

设计：上海众鑫建筑设计研究院
绘制：上海域言建筑设计咨询有限公司

2 某住宅区规划

设计：JAIA
绘制：上海思坦德建筑装饰工程有限公司

■3 郑州翡翠凤凰城

设计：中科院河南分院 徐贤伟 等
绘制：郑州灵度景观设计有限公司

■4 日月轩住宅规划

设计：上海浩瀚建筑设计有限公司
绘制：上海翼觉建筑设计咨询有限公司

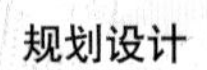

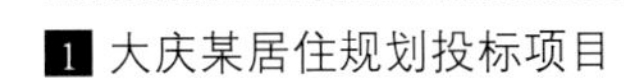

1 大庆某居住规划投标项目

设计：东北设计院
绘制：沈阳帧帝三维建筑艺术有限公司

2 内蒙古某居住区规划

设计：中外建
绘制：上海赫智建筑设计有限公司

3 全友规划

设计：大陆建筑设计研究咨询事务所　李兴洧
绘制：成都市天拓数字图像设计有限公司

4 大连琥珀湾小区规划

设计：中国建筑东北设计研究院　陈天禄
绘制：大连景熙建筑绘画设计有限公司

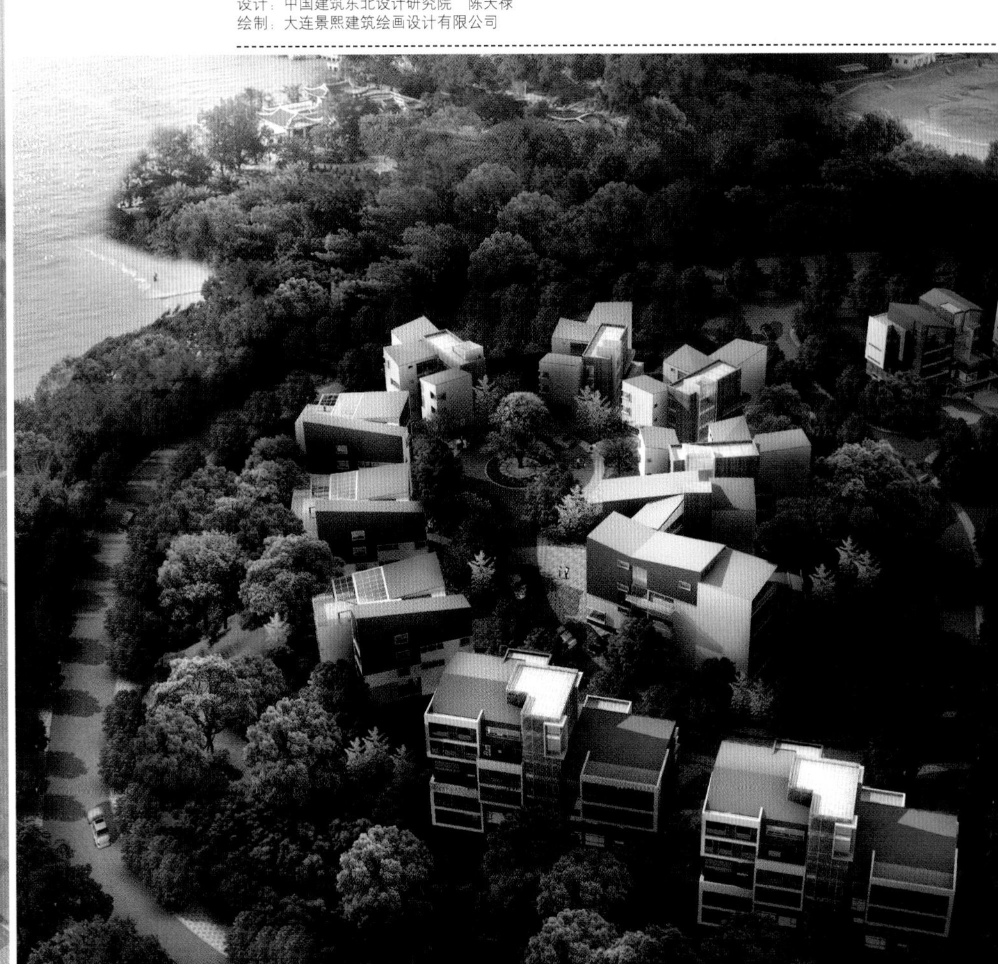

1 小平岛二期规划

设计：大连华东建筑设计院　刘巧筠
绘制：大连景熙建筑绘画设计有限公司

2 无锡长甲规划

设计：上海尤埃建筑设计有限公司
绘制：上海艺筑图文设计有限公司

3 **4** 信达庄胜二期规划

设计：中联程泰宁建筑设计研究院上海分院
绘制：上海艺筑图文设计有限公司

1 3 辽宁营口红旗镇规划

设计：李昂　刘鹏
绘制：北京回形针图像设计有限公司

2 海棠湾规划

设计：曹曙　佘勇　陈海红　胡皆乐　孙瑜红
绘制：凝筑电脑图文制作服务社

4 三台基规划

设计：哈工大设计院
绘制：哈尔滨一方伟业文化传播有限公司

1 奥园规划

设计：沈阳原筑建筑设计有限公司
绘制：黑龙江省日盛设计有限公司

2 普罗旺斯小区规划

设计：方健
绘制：深圳市原创力数码影像设计有限公司

3 襄樊泰尔摩城规划

设计：上海景贝建筑设计有限公司
绘制：上海艺筑图文设计有限公司

■1 保利住宅规划

设计：联创国际
绘制：上海三藏环境艺术设计有限公司

■2 某住宅小区规划

绘制：上海白沐建筑设计咨询有限公司

■3 莱茵海岸规划

设计：中国建筑东北设计研究院　赵海波
绘制：大连景熙建筑绘画设计有限公司

■4 坡头片区某住宅规划

设计：中汇建筑设计事务所
绘制：深圳左右艺术设计有限公司

1 某住宅规划

绘制：上海白沐建筑设计咨询有限公司

2 柳州保利项目规划

设计：佚名
绘制：深圳市深白数码影像设计有限公司

3 青田小区规划

设计：中国联合工程公司
绘制：杭州光屹数字科技

4 某住宅区规划

设计：西北设计院
绘制：上海思坦德建筑装饰工程有限公司

1 花园城规划

设计：联华国际
绘制：东莞市天海图文设计

2 绿地世纪城规划

设计：筑森国际
绘制：常州乾图空间艺术有限公司

1

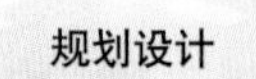

1

1 海南文昌小镇规划

设计：北京清城华筑建筑设计研究院
绘制：大千视觉（北京）数码科技有限公司

2 嘉定西云楼规划

设计：西笛
绘制：上海赫智建筑设计有限公司

3 杭州依山郡规划

设计：西笛
绘制：上海赫智建筑设计有限公司

4 黄土坡某小区规划

设计：中建北京院
绘制：大千视觉（北京）数码科技有限公司

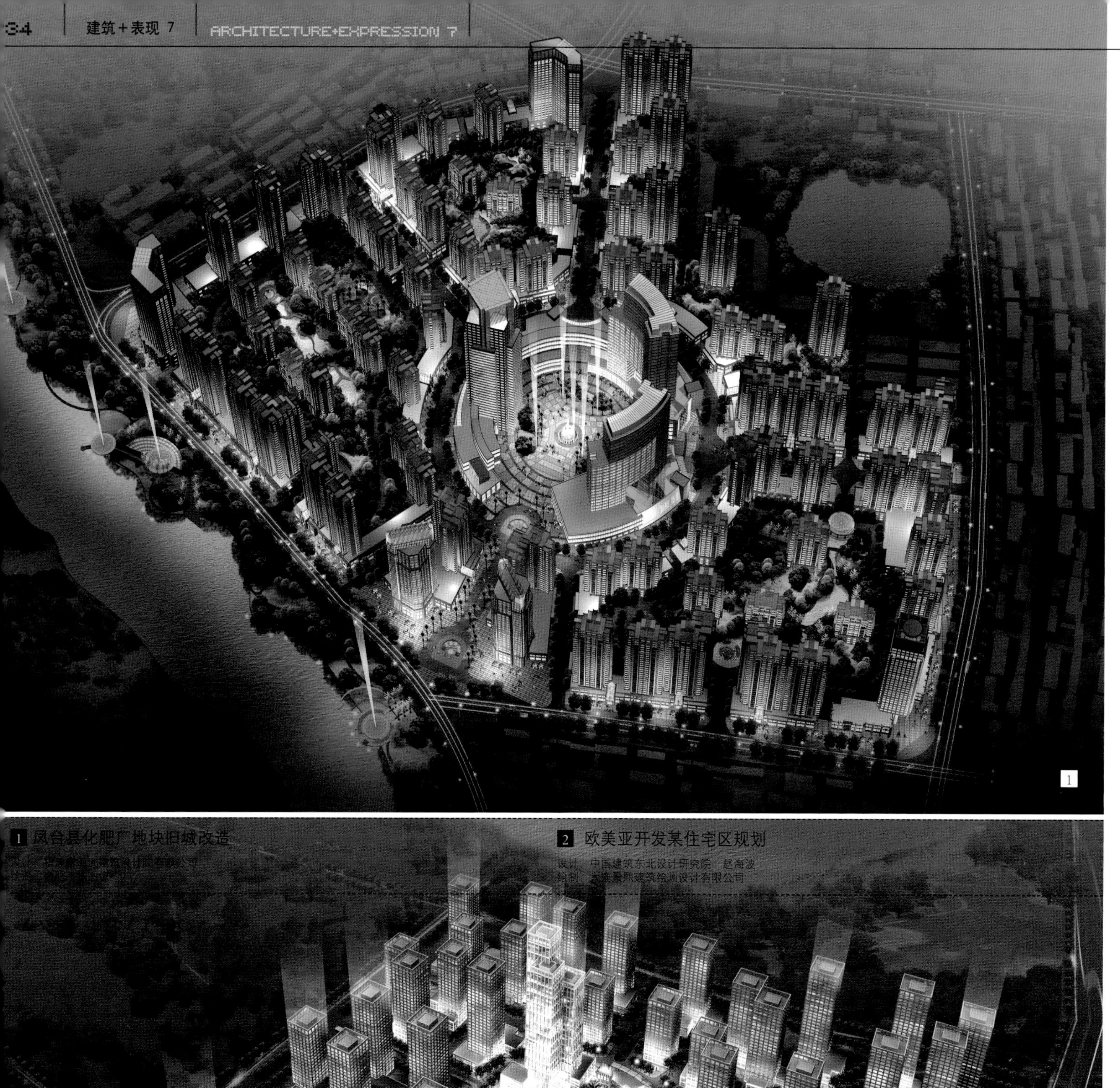

1 凤台县化肥厂地块旧城改造

2 欧美亚开发某住宅区规划

设计：中国建筑东北设计研究院 赵海波
绘制：大连景熙建筑绘画设计有限公司

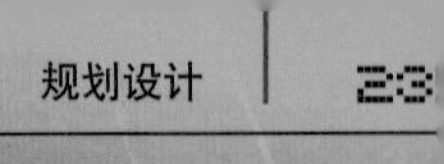

3 新主城住宅规划

设计：中铁工程设计院

绘制：苏州三千[illegible]

4 世博荟规划设计

设计：松岩勘察设计有限公司　丁健

绘制：大连景熙建筑绘画设计有限公司

1 诸暨菲达一品规划

设计：大地建筑事务所（国际）杭州分公司
绘制：杭州潘多拉数字科技有限公司

2 某安置房规划

设计：华汇景观
绘制：上海右键巢起建筑表现

3 东山国际新城规划

设计：中建国际设计顾问有限公司
绘制：成都亿点数码艺术设计有限公司

2

3

1

2

1 湾西湖规划

绘制：大连景熙建筑绘画设计有限公司

2 济南某居住区规划

设计：上海众鑫建筑设计研究院
绘制：上海域言建筑设计咨询有限公司

3 云龙湖规划项目

设计：深圳栖境建筑设计
绘制：深圳市原创力数码影像设计有限公司

4 中信青浦住宅区规划

设计：上海众鑫建筑设计研究院
绘制：上海域言建筑设计咨询有限

1 理工大学教职工住宅区规划

设计：范晓东
绘制：成都市天拓数字图像设计有限公司

2 春景花园

设计：张栋
绘制：深圳市原创力数码影像设计有限公司

3 某住宅小区规划

绘制：上海白沐建筑设计咨询有限公司

4 某住宅区规划

绘制：理二奎

1

2

1 某住宅规划

设计：中建六所
绘制：上海赫智建筑设计有限公司

2 航天某小区规划

设计：中国航天建筑设计研究院（集团）
绘制：北京回形针图像设计有限公司

3 泰州华侨城规划

设计：联创国际
绘制：上海三藏环境艺术设计有限公司

4 无锡某住宅区规划

设计：张工
绘制：上海冰杉信息科技有限公司

1 海南某住宅规划

设计：钟工
绘制：上海思坦德建筑装饰工程有限公司

2 鑫苑中国 · 郑州世纪东城规划

设计：中天伟业（北京）建筑设计集团（甲级）
绘制：北京回形针图像设计有限公司

3 六安住宅区规划

设计：张铎
绘制：上海赫智建筑设计有限公司

4 泰安某居住区规划

设计：北京交通大学　卢源　夏海山
绘制：上海白沐建筑设计咨询有限公司

景观设计

PARK LANDSCAPE

公园景观

1 2 慕尼黑奥林匹克公园

设计：德国沃尔夫
绘制：天津天唐筑景建筑设计咨询有限公司

1 2 3 4 5 东区音乐公园

设计：家琨建筑设计事务所
绘制：成都亿点数码艺术设计有限公司

3

4

5

1 **3** 虞城人民公园

绘制：上海白沐建筑设计咨询有限公司

2 万洲滨江公园

设计：重庆园林设计院
绘制：重庆仕方图像

4 **5** 合肥楚汉碑林文化园

设计：合肥工业大学建筑设计研究院　李早
绘制：合肥T平方建筑表现

1 2 3 4 5 恐龙园

设计：泛太平洋设计与发展有限公司
绘制：上海艺筑图文设计有限公司

1
DAKOTA
Sunny Delight

1 无锡长广溪湿地

设计：上海天华建筑设计有限公司
绘制：上海朗域数码科技有限公司

2 航天某部中心绿化带

设计：中国航天建筑设计研究院（集团）
绘制：北京回形针图像设计有限公司

2

3 平阳平塔、龙山公园

设计：颜国勇
绘制：温州焕彩文化传媒有限公司

4 文征明纪念园

设计：苏州华造建筑设计有限公司
绘制：苏州三千世纪

3

■1 某生态园

设计：邓晓科
绘制：深圳市原创力数码影像设计有限公司

■2 美国CANAL_公园

设计：奥地利CoopHmmelb
绘制：成都市天拓数字图像设计有限公司

■3 蓬莱海洋极地世界

设计：山东同圆设计集团有限公司
绘制：济南雅色机构

■4 圆明园

绘制：北京屹巅时代建筑艺术设计有限公司

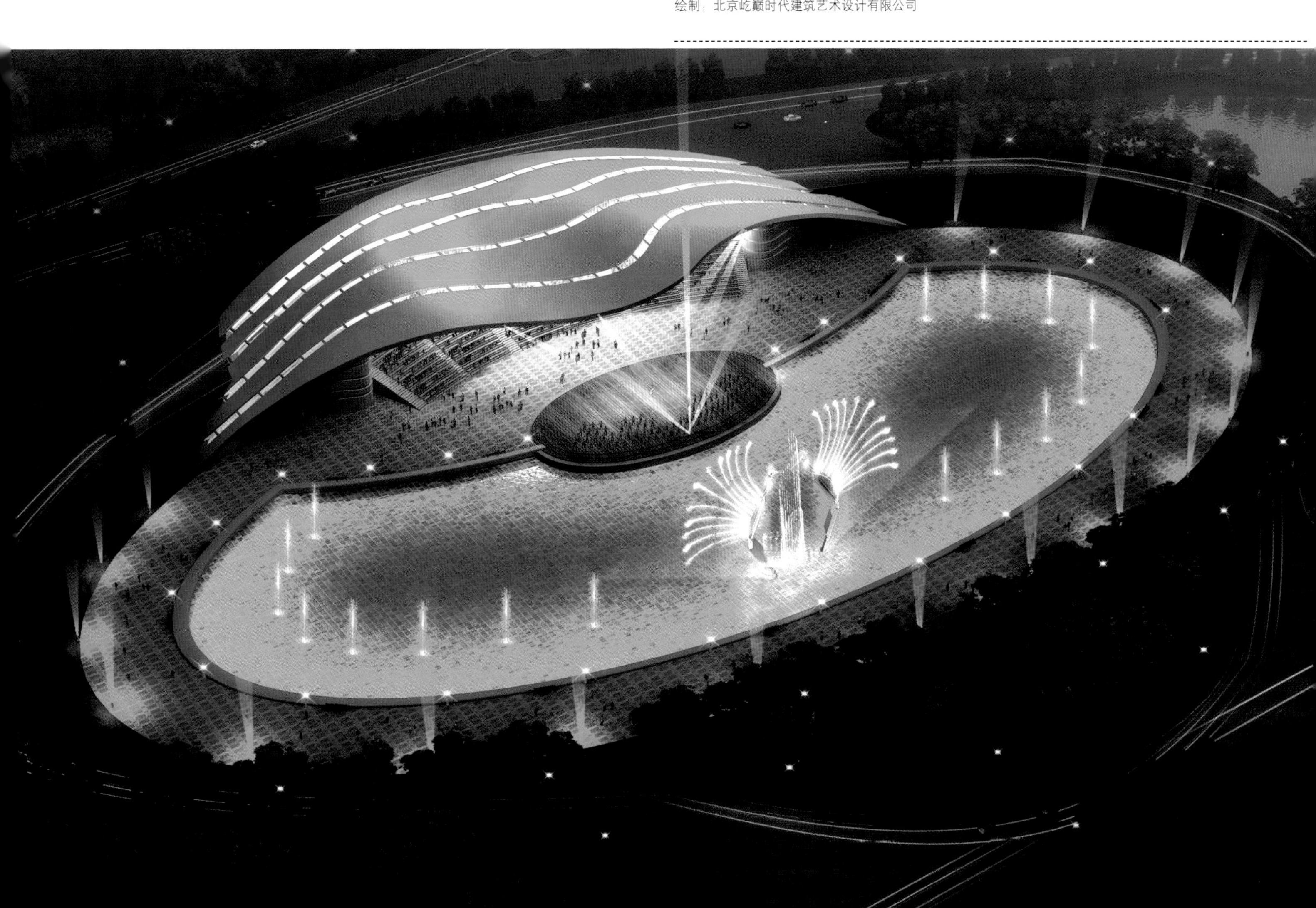

1 秦文化遗址公园

设计：建学建筑与工程设计有限公司
绘制：西安创景建筑景观表现公司

2 武当山山地运动公园

设计：泛太平洋设计与发展有限公司
绘制：上海艺筑图文设计有限公司

3 镇江汽车公园

绘制：上海艺筑图文设计有限公司

COFFEE
FOOD COURT
Spice Pierrot
KIRIN CITY

景观设计

262 SIGHTSEEING TOWER
观光塔

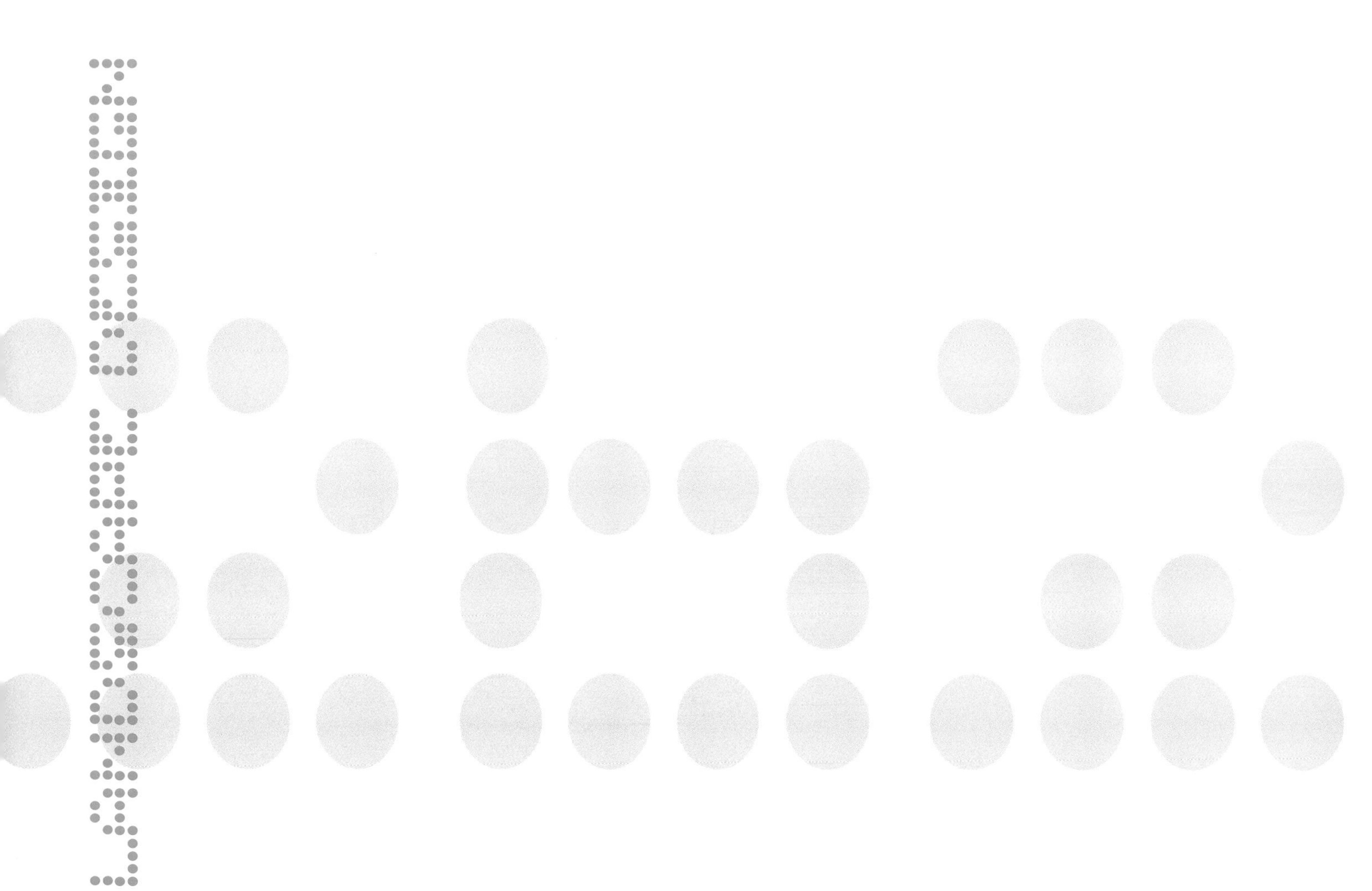

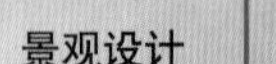

1 黑河边界观光塔

设计：哈尔滨工业大学建筑设计研究院
绘制：哈尔滨一方伟业文化传播有限公司

1 某观光塔方案一

设计：中国联合工程公司
绘制：杭州石头动画制作有限公司

2 某观光塔方案二

设计：中国联合工程公司
绘制：杭州石头动画制作有限公司

1 某观光塔方案一

设计：中国联合工程公司
绘制：杭州石头动画制作有限公司

1 某景观塔

绘制：青岛唯嘉数码图像有限公司

2 本溪塔

设计：中广电广播电影电视设计研究院
绘制：北京华洋逸光建筑设计咨询顾问有限公司

1 防城港塔楼

绘制：北京屹巅时代建筑艺术设计有限公司

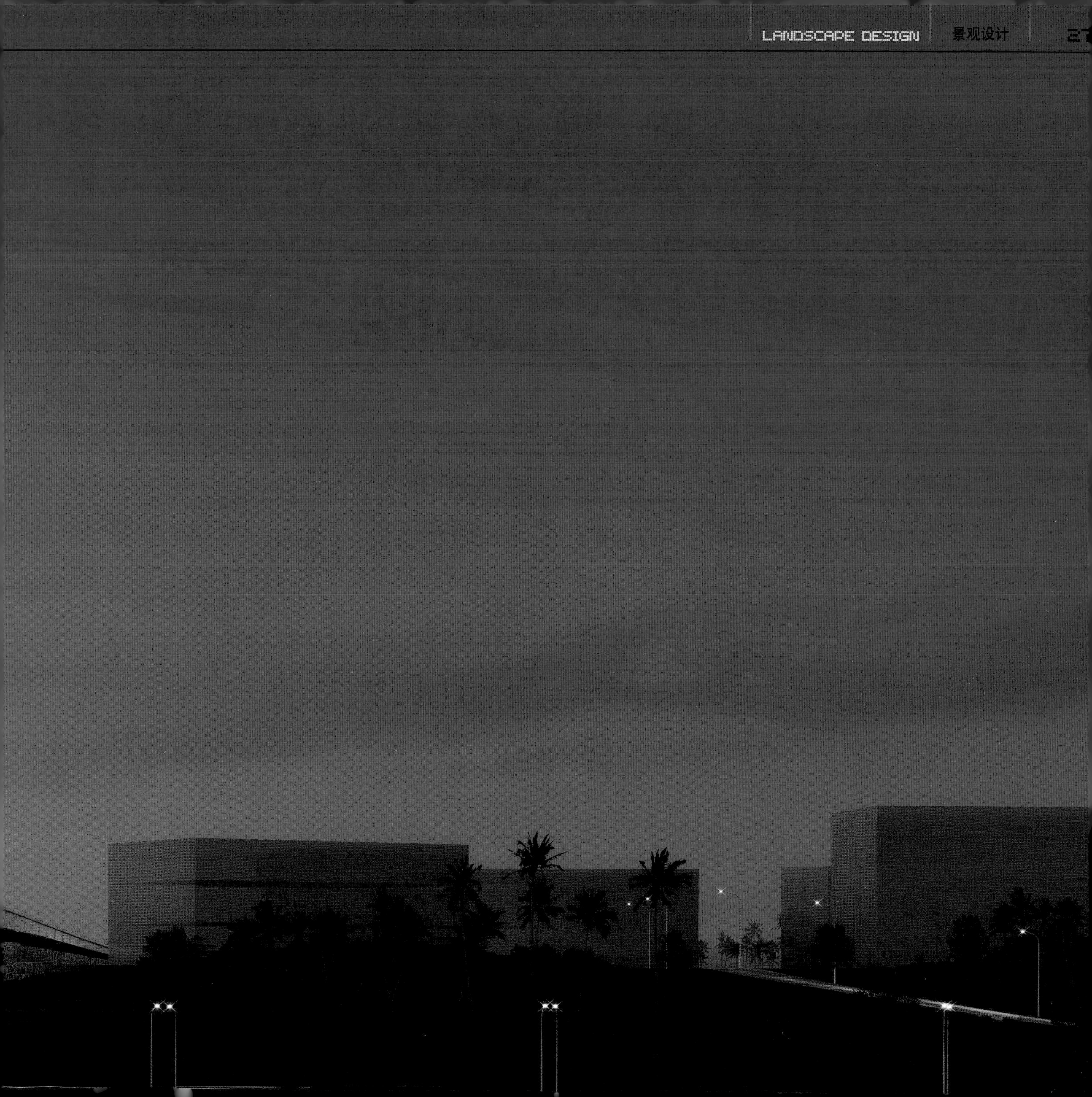

/246—339 LANDSCAPE DESIGN
景观设计

/272 PLAZA LANDSCAPE
广场景观

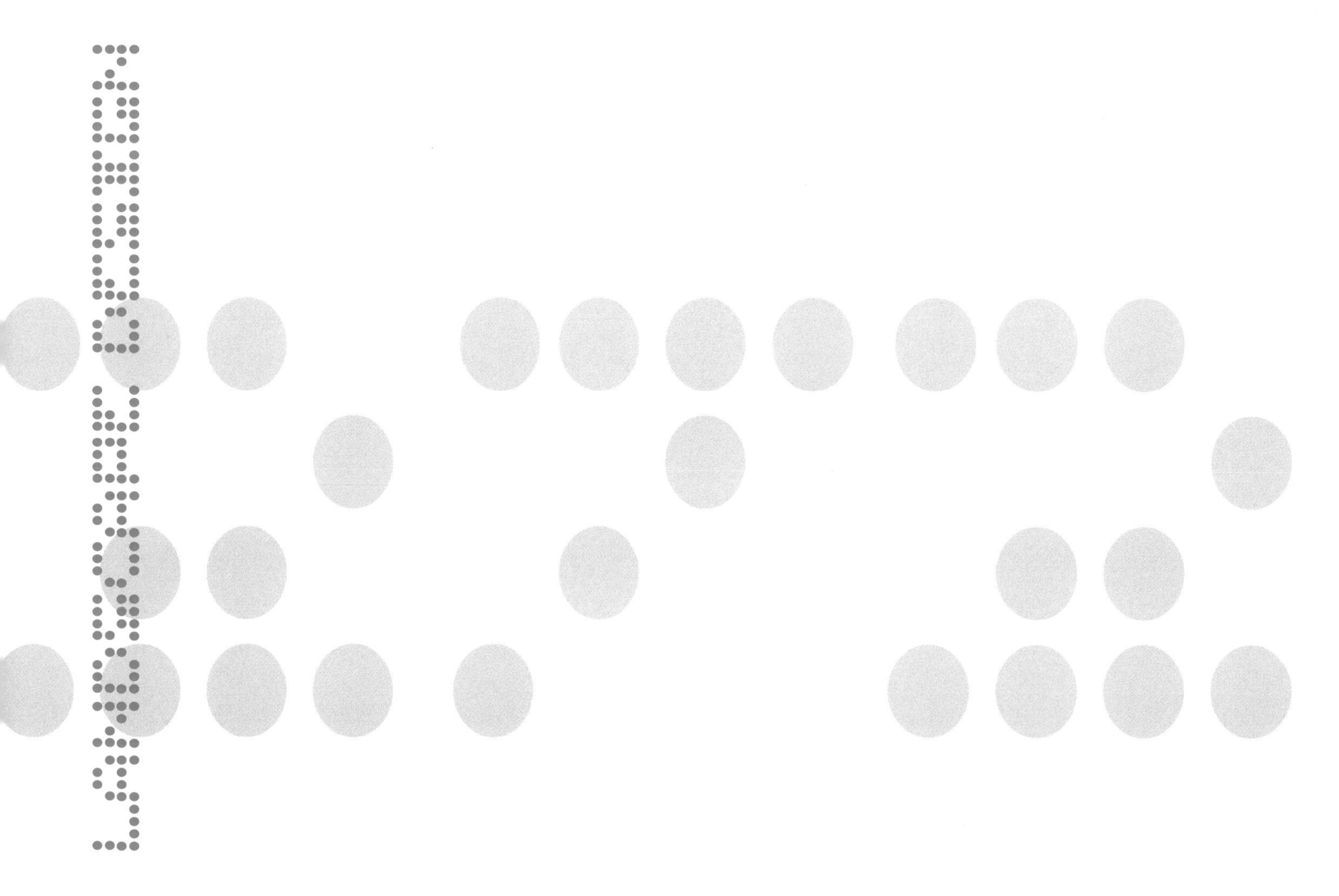

1 2 2010上海世博会城市最佳实践区全球城市广场

设计：章明 张姿 冯珊珊
绘制：凝筑电脑图文制作服务社

1 2 3 某地纪念碑广场

绘制：北京未来空间建筑设计咨询有限公司

1 **3** 吴江大厦南广场景观

设计：ECS
绘制：上海赫智建筑设计有限公司

2 虎门港景观

设计：上海华都建筑规划设计有限公司
绘制：上海艺筑图文设计有限公司

4 某地广场

绘制：北京未来空间建筑设计咨询有限公司

1 某婚庆广场景观

绘制：上海白沐建筑设计咨询有限公司

2 常州科教城景观

设计：陈强　韩登荣
绘制：凝筑电脑图文制作服务社

■3 老会展 · 现代城景观

绘制：成都上润图文设计制作有限公司

■4 包头一宫瀑布景观

绘制：北京未来空间建筑设计咨询有限公司

/[illegible] LANDSCAPE DESIGN

景观设计

/280 MUNICIPAL LANDSCAPE

市政景观

1 郑州西流湖景观

设计：泛亚国际
绘制：上海赫智建筑设计有限公司

1 2 3 宝安体育馆周边景观

设计：深圳市意大利迈丘景观设计事务所
绘制：深圳市深白数码影像设计有限公司

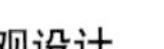

1

2

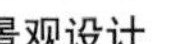

1 2 北京路景观设计

设计：中外建
绘制：上海赫智建筑设计有限公司

3 郑州娄河景观

绘制：上海艺道

4 郑州西流湖景观

设计：泛亚国际
绘制：上海赫智建筑设计有限公司

1 黄龙滨水景观

设计：潘克华
绘制：上海非思建筑设计有限公司

2 青岛海岸线

设计：数为港湾科技（北京）有限公司
绘制：大千视觉（北京）数码科技有限公司

1 2 3 昆山景观规划

设计：苏州华造建筑设计有限公司
绘制：苏州三千世纪

4 广州焦门河城市景观

绘制：北京屹巅时代建筑艺术设计有限公司

NEWSAGENCY
RANKINS
umero

STAR BUCKS COFFEE
EXPO
edc

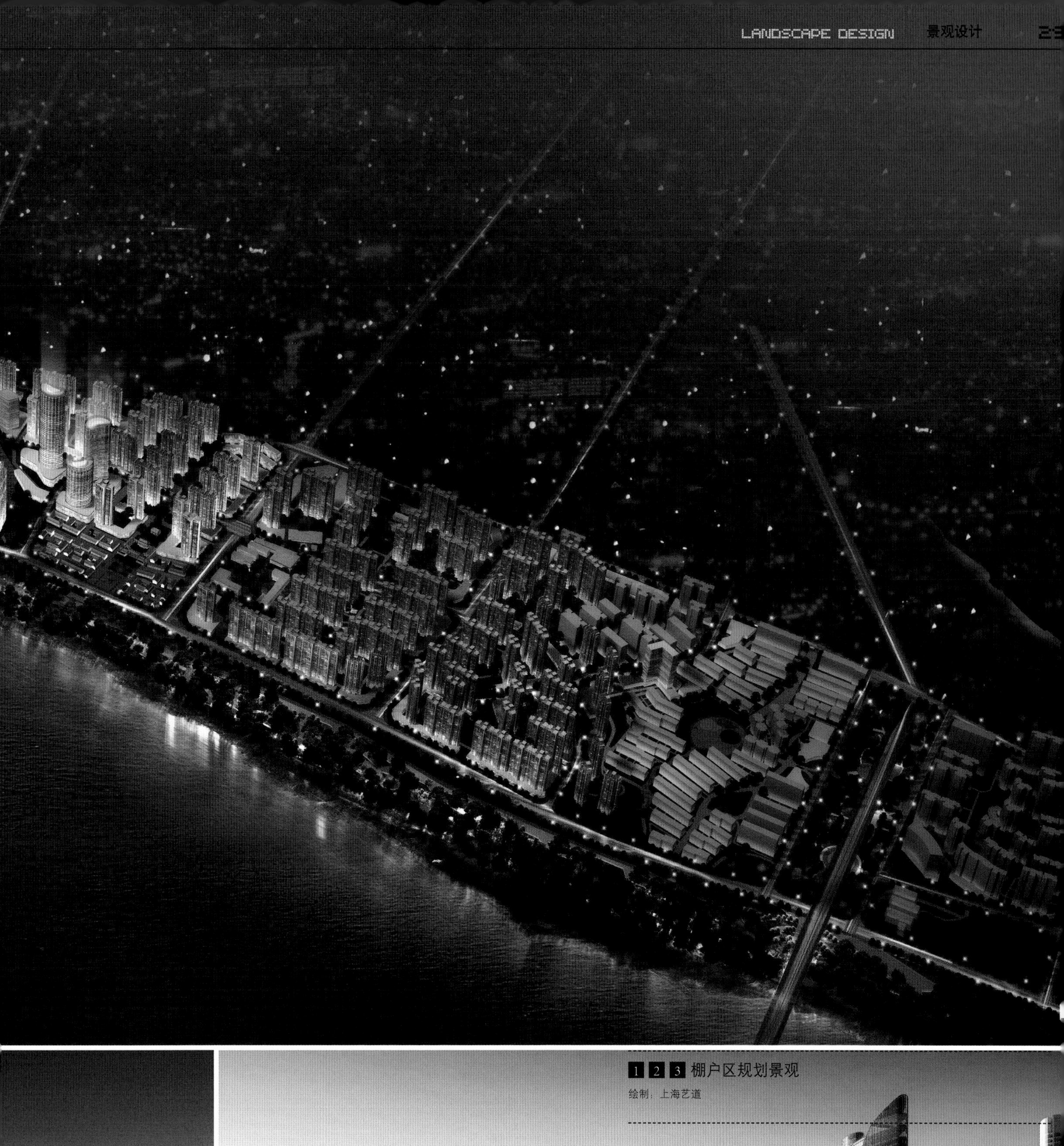

1 2 3 棚户区规划景观

绘制：上海艺道

1 3 芜湖景观规划

设计：深圳新城市设计
绘制：深圳市水木数码影像科技有限公司

2 金川情人海景观

设计：四川城镇规划设计院　杨工
绘制：蓝水晶数码图像设计有限公司

1 3 武汉沙湖景观

设计：泛亚国际
绘制：上海赫智建筑设计有限公司

2 2010上海世博会世博舟桥

设计：章明 张姿 姜天
绘制：凝筑电脑图文制作服务社

4 重庆某景观

设计：宋佳音
绘制：上海赫智建筑设计有限公司

EVERferry

1 2 3 4 重庆某景观

设计：宋佳音
绘制：上海赫智建筑设计有限公司

2

3

1 2 3 兴市桥

设计：贵阳市建筑设计院十三分院
绘制：贵阳意动信息技术有限公司

4 2010上海世博会城市最佳实践区步行天桥

设计：章明　张姿　孙承禹
绘制：凝筑电脑图文制作服务社

LANDSCAPE DESIGN
景观设计

300 ANCIENT TEMPLE
寺庙古建

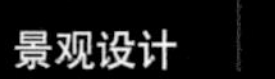

1 某古建习作

设计：日盛制作
绘制：黑龙江省日盛设计有限公司

1 5 南川金佛山拜佛台

设计：北京正东重庆分院
绘制：重庆仕方图像

2 3 4 南京夫子庙扩建项目

设计：江苏深远建筑设计研究院
绘制：南京土筑人艺术设计有限公司

1 2 士乡学宫

设计：廖工
绘制：深圳左右艺术设计有限公司

3 4 5 无锡市某古建

设计：无锡市建筑科研设计有限公司
绘制：无锡艺派图文设计有限公司

3

4

5

1 **3** 孙武墓

设计：苏州华造建筑设计有限公司
绘制：苏州三千世纪

2 无锡市梅里古都至德祠

设计：大陆建筑设计研究咨询事务所　李兵
绘制：成都市天拓数字图像设计有限公司

1 重庆新菩提寺

设计：大陆建筑设计研究咨询事务所　张开宏　李兴洧 等
绘制：成都市天拓数字图像设计有限公司

1

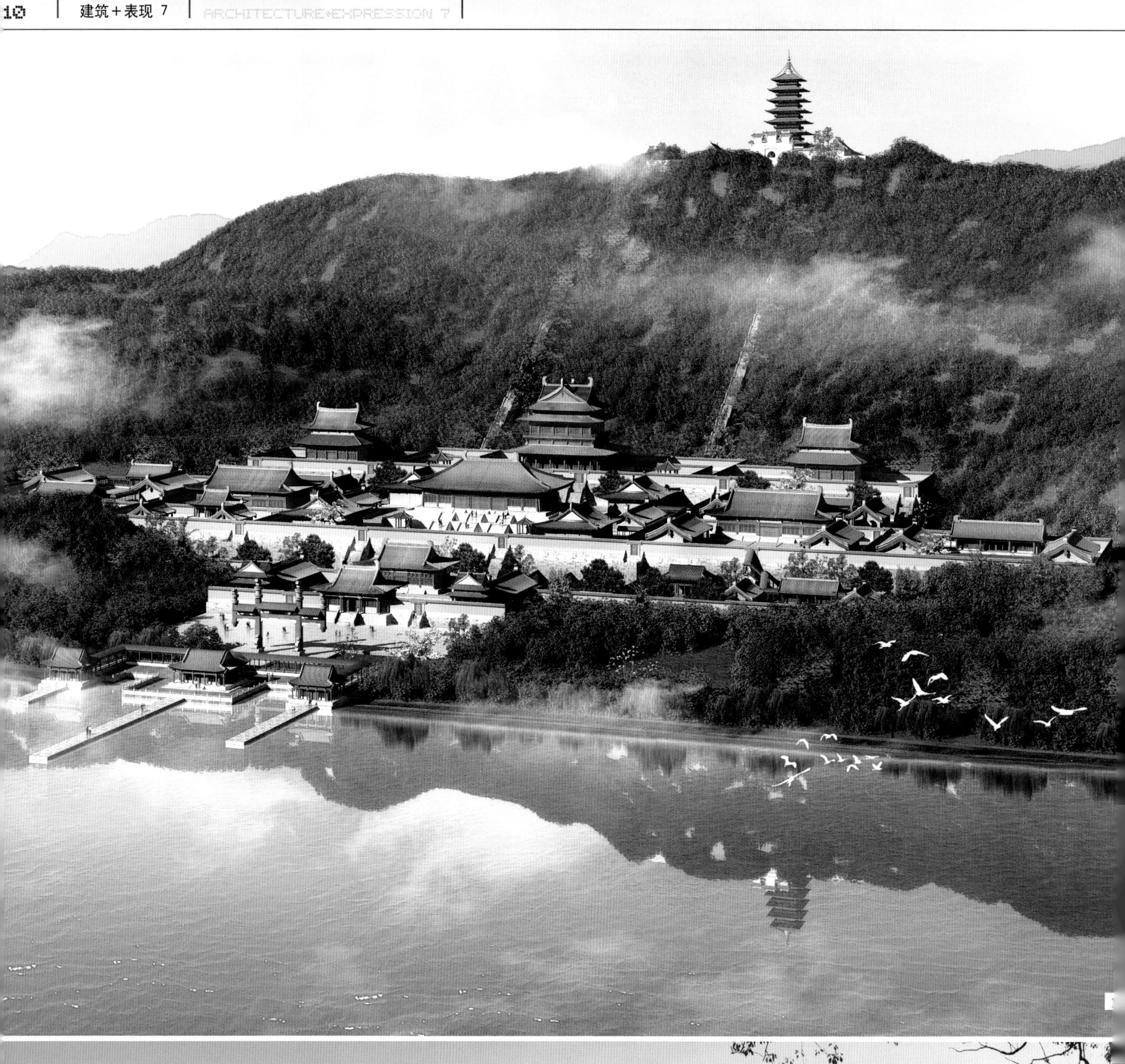

1 本溪瑞云寺

设计：沈阳建筑大学建筑设计研究院
绘制：黑龙江省日盛设计有限公司

2 辽宁北镇古建

设计：辽宁省规划设计研究院
绘制：沈阳金思澜建筑设计咨询有限公司

3 山东某古建

设计：沈阳建筑大学建筑设计研究院
绘制：黑龙江省日盛设计有限公司

4 平乐某古建

绘制：成都上润图文设计制作有限公司

景观设计

312 RESIDENTIAL LANDSCAPE

住宅景观

1 某住宅小区景观

绘制：北京未来空间建筑设计咨询有限公司

1 2 雍华亭景观

设计：香港澳华设计事务所
绘制：深圳市深白数码影像设计有限公司

1

2

3

4

3 4 海德花苑景观

设计：银亿房产
绘制：宁波筑景

5 6 河南沁阳锦绣江南景观

设计：浙江新空间建筑设计
绘制：杭州地衣建筑表现

5

6

1 金鱼湖景观

设计：中交元洲
绘制：青岛唯嘉数码图像有限公司

2 益田大运城邦景观

设计：益田集团
绘制：深圳市原创力数码影像设计有限公司

1

3 宝安江南城景观

设计：苏州华造建筑设计有限公司
绘制：苏州三千世纪

1 **2** 金域中央景观

设计：长春中海地产
绘制：大千视觉（北京）数码科技有限公司

3 **4** 昆山某住宅区景观

设计：上海金大方城市景观设计有限公司
绘制：苏州三千世纪

1

2

1 2 4 5 某住宅景观

绘制：上海[illegible]建筑设计咨询有限公司

3 某住宅小区景观

绘制：北京未来空间建筑设计咨询有限公司

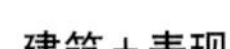

1

2

3

1 2 3 4 银亿舟山项目

设计：广东棕榈园林股份有限公司上海分公司
绘制：上海白沐建筑设计咨询有限公司

1

2

1 2 信达庄胜二期景观

联程泰宁建筑设计研究院上海分院
艺筑图文设计有限公司

3 绍大线3号块景观

设计：中联程泰宁建筑设计研究院上海分院
绘制：上海艺筑图文设计有限公司

4 东郡尚都景观

设计：中国房地产开发有限公司
绘制：宁波筑景

1 某住宅小区景观

设计：华蓝设计公司研究中心
绘制：上海日盛&南宁日易盛设计有限公司

2 泰安新乐园庭院景观

设计：建开利源建筑设计有限公司
绘制：大千视觉（北京）数码科技有限公司

3 信达庄胜二期景观

设计：中联程泰宁建筑设计研究院上海分院
绘制：上海艺筑图文设计有限公司

4 廊坊壕邸坊景观

设计：廊坊荣盛建筑设计公司
绘制：北京回形针图像设计有限公司

5 烟台金河名都住宅小区景观

设计：山东普来恩工程设计有限公司
绘制：北京回形针图像设计有限公司

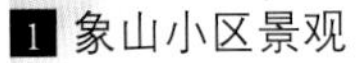

1 象山小区景观

设计：宁波城建建筑设计研究院
绘制：宁波芒果树图像设计有限公司

2 某住宅区景观

绘制：理二奎

3 某小区景观

设计：上海唯筑建筑设计有限公司
绘制：上海翼觉建筑设计咨询有限公司

4 宁波华翔住宅景观

设计：泛太平洋设计与发展有限公司
绘制：上海艺筑图文设计有限公司

3

4

1

2

1 山东海阳景观

设计：中国航天建筑设计研究院（集团）
绘制：北京回形针图像设计有限公司

2 福州三盛住宅景观

设计：嘉景国际
绘制：上海赫智建筑设计有限公司

3 某住宅景观

设计：中建六所
绘制：上海赫智建筑设计有限公司

4 5 天立一品住宅景观

设计：普赛建筑设计事务所
绘制：上海幻思数码科技有限公司

4

1 橡树园庭院景观

设计：正信建筑
绘制：天津天砚建筑设计咨询有限公司

2 绿大地小区景观

绘制：北京未来空间建筑设计咨询有限公司

3 昆山景王路某小区景观

设计：上海唯筑建筑设计有限公司
绘制：上海翼觉建筑设计咨询有限公司

4 安徽合肥市金阳家园景观设计

设计：美国AR（杭州）筑道国际设计机构　浙江中和建筑设计有限公司（杭州）
绘制：杭州市漫沿图文设计工作室

5 6 青建一依山半岛景观

设计：上海哲道建筑设计有限公司
绘制：上海杰点建筑表现有限公司